我探索天空和星星

(法) 让·欧杜兹(Jean Audouze) 著
郭宇冈, (法) 郭宁鸿(Alain Guo) 译

江西科学技术出版社

图书在版编目（CIP）数据

我探索天空和星星 /（法）让·欧杜兹（Jean Audouze）著：郭宇冈，（法）郭宁鸿（Alain Guo）译. -- 南昌 : 江西科学技术出版社，2016.12（2017.8 重印）
ISBN 978-7-5390-5703-3

Ⅰ. ①我… Ⅱ. ①让… ②郭… ③郭… Ⅲ. ①天文学－少儿读物 Ⅳ. ① P1-49

中国版本图书馆 CIP 数据核字（2016）第 138933 号

国际互联网 (Internet) 地址： http：//www.jxkjcbs.com
选题序号：KX2016084
图书代码：D16017-102
版权合同登记号： 14-2016-0151

责任编辑：张　旭　刘九零
装帧设计：朱云浦　曹弟姐
责任印制：夏至寰

我探索天空和星星

（法）让·欧杜兹 (Jean Audouze) 著
郭宇冈，（法）郭宁鸿 (Alain Guo) 译

出版发行 / 江西科学技术出版社
社址 / 南昌市蓼洲街 2 号附 1 号
邮编 / 330009
电话 / 0791-86623491
印刷 / 江西千叶彩印有限公司
经销 / 各地新华书店
开本 / 889mm×1194mm　1/16
印张 / 5.25
字数 / 168 千字
版次 / 2016 年 12 月第 1 版　2017 年 8 月第 2 次印刷
书号 / ISBN 978-7-5390-5703-3
定价 / 20.80 元

赣版权登字 -03-2016-234

没有月亮的夜晚看到的银河

天空究竟是什么?

1 我们大家都知道：太阳总是从东边升起，往西边落下。因此很长时间以来，人们都认为太阳是围绕地球运转的。文艺复兴时期的天文学家哥白尼是最早认为地球不是宇宙中心的科学家之一。

2 太阳是一颗很明亮的恒星，它是如此耀眼，以至于如果我们长时间盯着太阳看，会导致失明。早上和傍晚的太阳看起来像一个红红的大盘子，是因为在早上和傍晚，阳光需要穿过更厚的大气层，更厚的大气层会吸收掉大部分的阳光。（见图1）

3 太阳下山后，天空暗了下来。我们可以观察到月亮。月亮是地球的一颗卫星。我们肉眼看上去，月亮和太阳的大小差不多。但是月亮没有太阳那么明亮，在天空中移动的速度也比太阳快。

4 太阳落山一个小时以后，在天空中，我们可以观察到一些或明或暗的小光点：星星。我们把位置相近的星星联系起来，想象成一组一组的图形，就形成了星座：大熊座、小熊座、仙后座、猎户座、天蝎座等等。这些星座都会围绕北极星旋转，但北极星是相对不移动的。是地球的自转造成了星星的移动。

5 也有一些星星，在夜空中移动的轨迹和其他的星座不同，这些是行星（希腊人称之为“流浪的星星”）。古代人被它们奇特的运行轨迹所吸引，给这些星星取了一些神的名字：爱神维纳斯（金星），战神马尔斯（火星），主神朱庇特（木星）等等。

6 在没有月亮的夜晚，我们可以观察到很多星星形成的一条横跨星空的乳白色光带，称之为“银河”。古希腊人称之为“牛奶之路”。

7 除了地球、太阳和月亮，天空中还有恒星、行星和银河。

8 我们所看到的夜空，其实是整个宇宙在天幕上的投影。我们自己也属于宇宙的一部分。

知识点

天空为什么是蓝色的？

大家知道，太阳光呈现白色，是由多种颜色（赤橙黄绿青蓝紫）复合而成。白天，当太阳在我们的头顶时，太阳光经过大气层，与空气分子发生散射。其中蓝色光的波长短，最容易发生散射。所以我们会看到散射的蓝光布满整个天空，从而使天空呈现蓝色。晚上，没有了太阳照射，所以天空是黑色的。

白天和夜晚的长度

在北半球，一年中白天最长的一天是夏至（公历6月21日或22日），最短的一天是冬至（公历12月21日或22日）。节气上，夏至是夏天的开始，冬至是冬天的开始。

春分（公历3月21日或22日）时，白天和黑夜都是12个小时；秋分（公历9月21日或22日）的白天和黑夜也都是12个小时。

你能回答吗？

1. 用肉眼最容易观察到的行星有哪些？

2. 在城市里更适合观测星空吗？为什么？

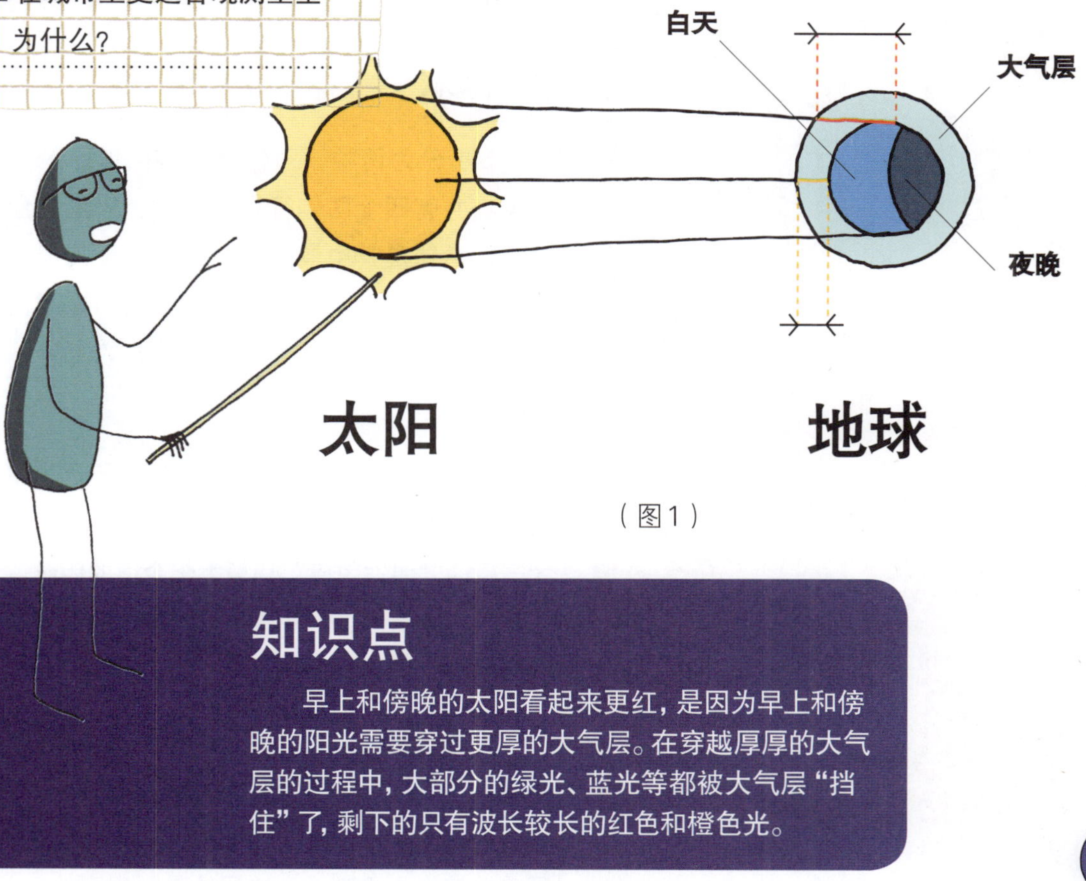

（图1）

知识点

早上和傍晚的太阳看起来更红，是因为早上和傍晚的阳光需要穿过更厚的大气层。在穿越厚厚的大气层的过程中，大部分的绿光、蓝光等都被大气层“挡住”了，剩下的只有波长较长的红色和橙色光。

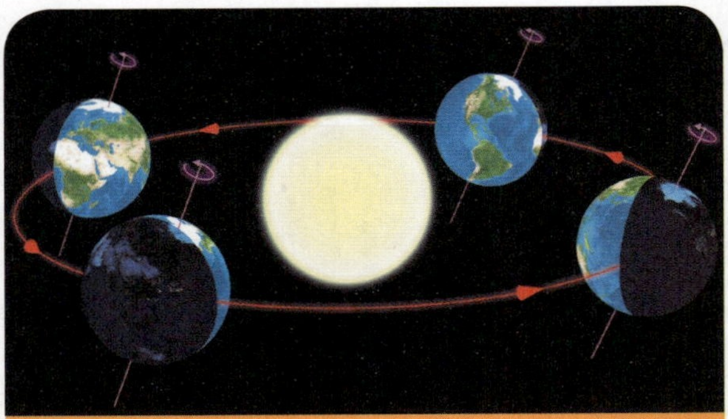

转轴倾角

转轴倾角是地球的自转轴相对于地球环绕太阳运行的轨道平面的倾斜角度。转轴倾角就是地球上有一年四季的原因。

大气层

地球被一层很厚的大气层包围着。大气层的成分主要有：氮气（占78.1%）、氧气（占20.9%）、氩气（占0.9%），还有少量的二氧化碳和水蒸气。

氧气是很晚出现在大气层中的(差不多在地球形成以后20亿年，大气层中才有了氧气)。大气层中的水蒸气和二氧化碳就是我们经常提到的“温室气体”。太阳辐射可以透过大气射入地面，给地面带来热量，而地面增暖后放出的红外辐射却被大气中的二氧化碳和水蒸气等“温室气体”吸收。大气中的“温室气体”就像一层玻璃，使地球变成了一个大暖房。

地球

行星分为两种，气体行星和固体行星。太阳系里一共有四个固体行星：水星、火星、金星和地球，地球是其中最大的。固体行星其实就是一些无比巨大的石头，一般环绕太阳的轨道，离太阳比较近。只有地球有一颗很重要的卫星——月球。

地球的大小以及它到太阳的距离不远也不近，这些因素是地球能够拥有一个大气层的前提条件。大气层的“温室效应”和离太阳合适的距离，让地球不太冷也不太热，平均15摄氏度，并且保持地球表面2/3的部分被水覆盖。

地球的密度是5.5克/厘米^3，在地球的核心，温度高达5100摄氏度。凡尔纳在他的科幻小说《地心游记》里，设想了去地球的中心旅行，从目前的技术水平来看，这显然是不现实的。

地球的身份证

身份：行星

离太阳的距离：1亿5千万千米

绕太阳一周时间：365.25天

自转一周时间：23小时56分4秒

赤道直径：12756千米

南北极直径：12713千米

质量：6×10^{21}吨

密度：5.5克/厘米^3

地表温度：–89 摄氏度至57.8摄氏度

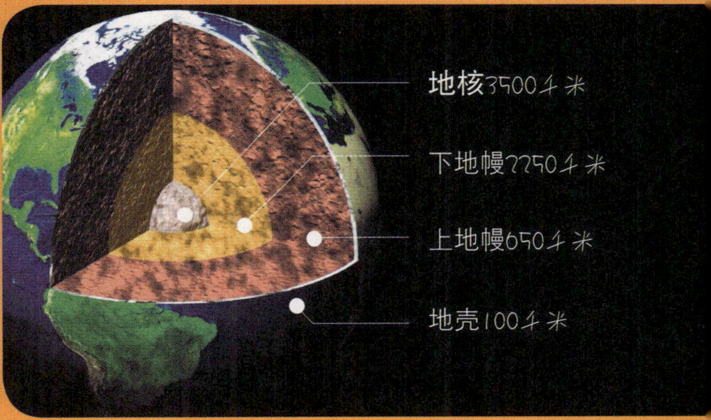

如何发现地心的构造？

地球的结构就像个鸡蛋，从外到内依次由三个圈层构成：薄薄的地壳，厚厚的地幔，然后是埋在最深处的地核。

这些对地球内部结构的认识来源于分析地震波的折射和反射的传播时间，这让我们能够间接地了解地球的构造。

你能回答吗？

1. 地球上最高的山峰是哪一座，位于哪里？
2. 为什么说大气中的臭氧层保护了我们？
3. 为什么地球的赤道半径大于极地半径？

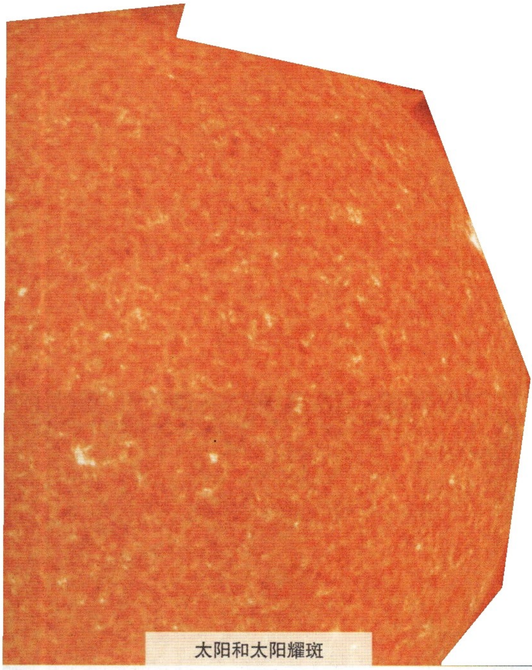
太阳和太阳耀斑

太阳的身份证

身份：恒星

年龄：45亿年

颜色：黄色、橘红色

表面温度：5430 摄氏度

核心温度：1500万摄氏度

半径：70万千米

质量：2×10^{27}吨

平均密度：1.4克/厘米^3

核心密度：100克/厘米^3

自转一周时间：27.3天

绕银河系核心旋转一周的时间：2亿年

太阳：银河系1500亿颗恒星中的一颗

太阳为什么能够燃烧这么长的时间？答案是因为太阳的核心像一个无比巨大的核聚变反应堆。太阳内部持续进行着核聚变反应，这种核聚变反应可以将氢原子聚变成氦，太阳的光和热就是由核聚变产生的。

太阳的内部结构由内到外可分为核心、辐射层、对流层三个部分。其中太阳的核心区域半径约为太阳半径的1/4，是产生核聚变反应之处。从太阳内部0.25~0.7个太阳半径区域称为太阳的辐射层。太阳核心所产生的热量，通过这个区域以辐射的方式向外传输。辐射层的上面是对流层，这一层以对流的方式把热量由高温的气团带到太阳表面，而表面稍冷的气团则下沉，形似“在沸腾状态下的一壶水”。对流层的波动造成太阳表面温度的不一致，这也是太阳黑子形成的原因之一。

太阳有自己的磁场，局部磁场比地球磁场强1万倍。因为这些强磁场和太阳自转的影响，太阳表面有时候会发生耀斑。耀斑是发生在太阳大气中的一种猛烈的“爆发”。大量的物质从太阳表面喷射出来，其喷射高度可达几十万千米。太阳耀斑约以11年为一个活动周期，产生的原因可能与太阳的磁场及自转有关。

太阳的构造

在太阳对流层上是光球层，光球层的厚度有几百千米，太阳光谱的绝大部分就是由此向太空发射。光球层之上是色球层，厚度约 2000 千米。色球层的温度随着高度从底部逐步向上提升，从底部的几千摄氏度，直到接近顶端的 10 万摄氏度。日冕层是太阳大气的最外层，厚度达到几百万千米以上。我们只有在日食的时候，或者从卫星上才可能观察到日冕层。日冕层主要是由离子态的气体构成的。日冕层的密度非常稀薄，但温度非常高，可以达到 100 万摄氏度。

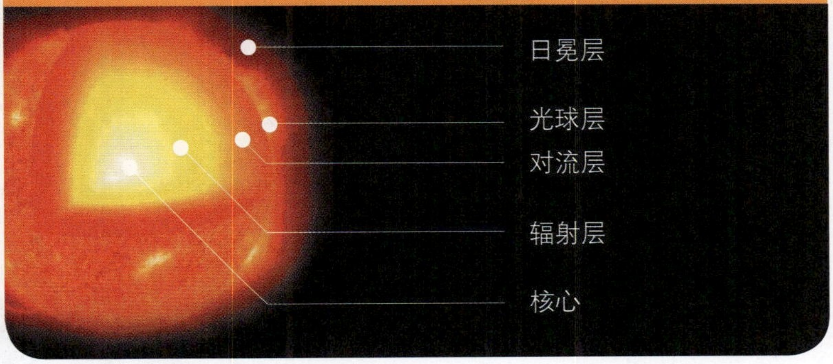

知识点

大家都知道雨后会形成彩虹。太阳的光线被空中的小水滴折射和反射，在天空中形成拱形的七彩的光谱：红、橙、黄、绿、青、蓝、紫。我们也可以让阳光通过一个三棱镜，这样可以得到一样的彩虹效果，我们把这个称为"光谱"。如果仔细观察太阳的光谱，我们会在其中发现一些细细的黑线，这些黑线也被称为夫琅和费线。夫琅和费线的每一条都对应太阳大气层中相应的化学元素，因为这些元素吸收了特定波长的光，所以黑线才得以形成。通过分析太阳光谱，法国天文学家詹森发现太阳含有一种未知的元素，被称为"氦"（HELIUM，意思是"太阳"），同时也让我们知道了太阳大气层由哪些元素组成。同样的，通过分析其他恒星的光谱，我们也可以了解其他恒星的组成元素。

你能回答吗？

1. 太阳从哪个方向升起？
2. 当太阳落山的时候为什么会变成红色？
3. 是太阳绕着地球转，还是地球绕着太阳转？
4. 太阳自转的速度比地球围绕太阳公转的速度更慢，慢多少倍？
5. 为什么说"太阳是一颗星星"？
6. 太阳距离我们1亿5千万千米，光速是30万千米/小时，太阳发出的光要多长时间到达地球？

月 球

在地球上，我们用肉眼看到的太阳和月亮的大小是差不多的。有时候，月球会正好处于太阳和地球中间，这个时候月球就会挡住太阳，形成日食。月球在绕地球公转的同时，本身也在不停地自转，公转与自转的周期正好都是 27.3 天，而且公转和自转的方向都是自东向西旋转。所以月亮永远是一面朝着地球，另一面背着地球。由于月球和地球之间的引力，使地球表面的海水出现了潮汐现象。潮汐对海底的作用力，会使地球的自转速度渐渐变慢，同时月球和地球之间的距离也会越来越远，每年会增加 4 厘米左右。

月球的质量不够大，其引力不能保持一个大气层。因为缺乏大气层的保护，月球表面的温差非常大（–233 摄氏度至 123 摄氏度）。同样是因为缺乏大气层的保护，月球上布满了被陨石撞击形成的陨石坑。我们观察到月球表面一些区域比较暗，这些区域被称之为“海”。这些月海区域的表层被玄武质熔岩覆盖，因此颜色比其他部分更黑。在月球背对地球的那一面，则几乎没有这种覆盖玄武岩的月海区域。“阿波罗登月计划”把 380 千克月球岩石带回地球，其中阿波罗 12 号登月任务将一种特殊的叫“克里普”（KREEP）的岩石带回地球，这里面富含钾、磷和其他一些稀土元素。2009 年，美国宇航局在月球的陨石坑里发现了水，但月球上的水含量还是很少的，差不多是地球的千分之一。月球的表面是相当稳定的，几乎没有“地震”。月球上也几乎没有磁场。

的身份

地球的

的距离

1738

7.3×

：3.3 克

球一周时

转一周时间

球表面温度

能回答吗？

. 我们以地球绕太阳一圈的时间为公历“一年”，那么月亮绕地球一圈的时间是多少？

2. 哪个国家的宇航员曾经登上过月球，是在哪一年？

3. 为什么在月球上宇航员虽然穿着厚重的宇航服，却可以轻松地跳起来？

4. 为什么月球没有大气层？

关于月球的来源，科学界过去有很多争议。其中 20 世纪 80 年代提出的“撞击说”能解释比较多的观测事实，这是当前较合理的月球起源假说。这一假说认为，地球早期受到一个火星大小的天体撞击，撞击碎片最终形成了月球。

知识

在月球上行

美国国家航空航天局在 1961 年至 19

年间进行了一系列航天任务，主要致力于完成载人登陆月球目标。其中，1969 年 7 月 21 日，全世界都目睹了美国宇航员阿姆斯特朗与奥尔德林在月球上行走的一幕。阿姆斯特朗在踏上月球时说：“这是个人的一小步，却是人类的一大步。”从 1969 年到 1972 年间，“阿波罗计划”共进行了 6 次登月活动，之后就停止了登月活动。

中国于 2003 年启动中国探月工程，也称“嫦娥工程”。首先是发射绕月卫星，继而是发射无人探测装置，实现月面软着陆探测，最后为运输机器人到月球建立观测点，并且采集样本返回地球。

日月食

在比利时画家埃尔热的著名漫画《丁丁历险记：太阳神庙》那一集里，丁丁和阿道克船长差一点就被印加人烧死，在关键的时刻，丁丁利用报纸上对日全食的预测，预言了日食的发生，并装成太阳神的使者，从而安全脱身。那么什么是日食？怎么能预测日食呢？

其实很容易的，日全食就是当月球正好处于地球和太阳之间时，挡住了太阳的光芒造成的。虽然月球和太阳的直径相差非常大，但在地面上看起来，太阳和月球在肉眼中“碰巧”几乎是一样大小。我们已经能够精确地推算月球的运行轨迹，因此我们就可以预测出月球运行到太阳和地球之间的准确时间。

当发生日食的时候，月球离地球的距离相对稍远，不能完全遮挡住太阳，这个时候发生的日食就是“日环食”。当太阳、月球和地球不是完全在一条直线上时，这个时候发生的日食就是“日偏食”。日全食比较罕见，一般每2~3年才发生一次，地球上只有部分地区可以看见。

如果我们幸运地看到一次日食，其实也等于我们看到了一次牛顿经典力学的完美展示。日食的场景非常壮观，在3~7分钟里，整个天空完全变黑。日食结束的时候，几秒钟内阳光又回到人间，就如同世界经历了一次停电。

当地球处于月球和太阳之间时，就发生了月食。我们在月食时看见的月球上的阴影，其实是地球的影子。因为地球比月亮大得多，所以月食发生得要频繁得多。

从阴影处
观测到的日食

从半阴影处
观测到的日食

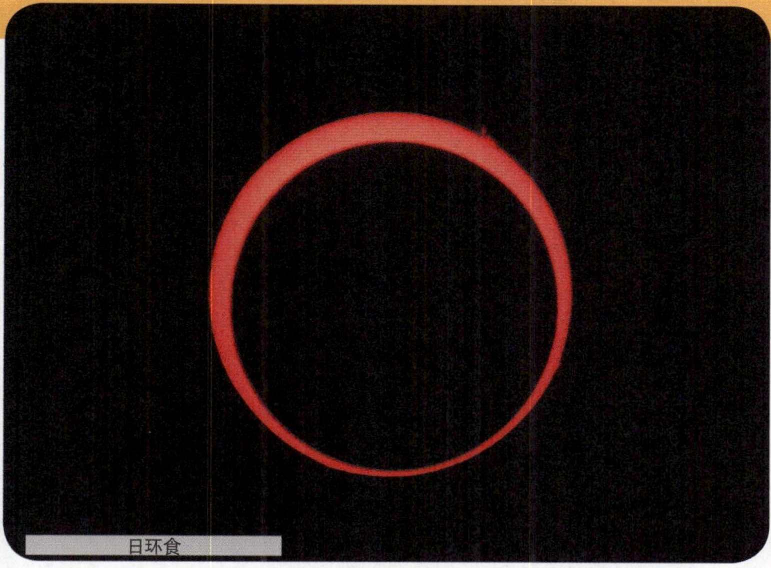

日环食

日月食时间表

未来的几次日全食：

2017年8月22日，北美，北太平洋地区；

2019年7月3日，南美，南太平洋地区；

2020年12月15日，南美，南太平洋，南大西洋地区。

中国境内未来可见的几次月食：

2017年8月8日

2018年1月31日

2018年7月28日

2018年8月11日

2019年1月6日

2019年7月17日

2019年12月26日

2020年6月21日

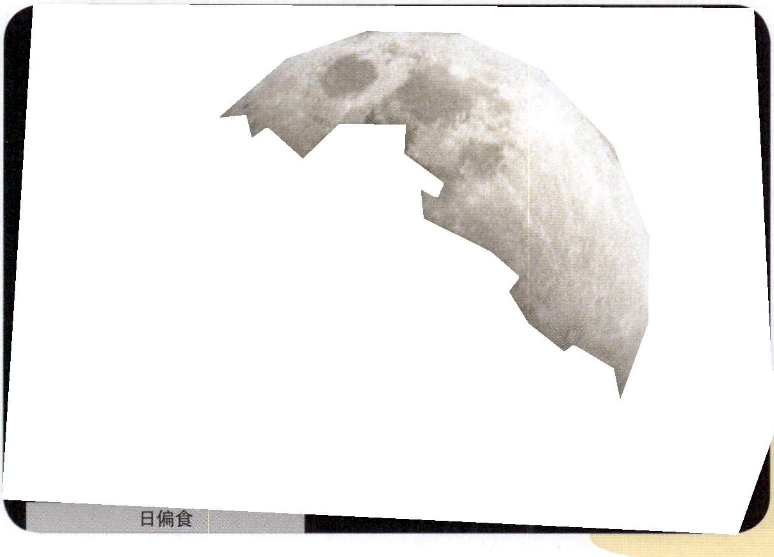

日偏食

你能回答吗？

1. 以下哪一种情况是日食，哪一种情况是月食？

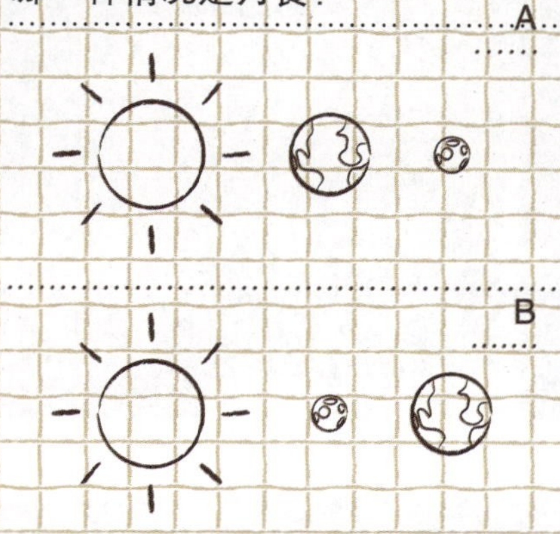

2. 为什么在《丁丁历险记》中，日食救了丁丁？

3. 如何长时间地观测日食？

4. 为什么在地面上观察，太阳和月亮的大小是差不多的？

5. 在什么情况下，我们会观测到日环食？

日食

如何利用星空定位

星空中的北极星总是在正北方向，因此利用星空定位的第一步就是找到北极星。在星空中，北极星很容易就可以被分辨出来。西方国家的人会先找到大熊星座（就是中国的北斗七星），然后将大熊星座中的两颗星作一条连线，向上延长就是明亮的北极星。在中国，人们也常常用北斗七星来辨认方向。北斗七星是由大熊星座的七颗明亮的星星组成。在北天排列成勺（或斗）形，而勺子口所指向的星星就是北极星。当然也可以用指南针来定位，得到的结果是一样的。

如果要观测行星，首先我们要把月亮和太阳落下的方位作一条连线，这条连线就是黄道面（太阳系行星轨道面）在星空中的投影。在这条线上，我们可以找到所有可见的行星，它们都很明亮，而且不会像恒星那样不停地闪烁。有三颗很明亮的行星，分别是木星(及其4颗伽利略卫星)、火星（肉眼可以看见其发出砖红色的光）和土星（我们用一个三脚架固定的双筒望远镜就可以看见其美丽的土星环）。最容易找到的是金星，西方人也称之为“牧羊人之星”。金星是在夜空中第一个出现、最后一个消失的星星。

知识点

在这张照片上，日食的原理非常清楚。如图所示，从右到左，我们可以依次看到月球、太阳、土星、火星和金星。

你能回答吗？

1. 我们在地球上可以观测到哪些行星？

2. 哪颗行星被称为“牧羊人之星”，为什么这样叫？

3. 星星为什么会“眨眼睛”？

4. 在什么地点，什么时间最适合观测星空？

如何观测星空

对于一个天文爱好初学者来说，只需要准备一个指南针，一个双筒望远镜，最好有一个能够稳定双筒望远镜的三脚架。之后，当你确信自己真的愿意投入时间在这个爱好上时，可以开始考虑购买一台天文望远镜。天文望远镜的价格高低不一，和望远镜的口径以及其所配备的功能都有关系（有些望远镜配备了赤道仪，在观测时用来抵消地球自转；有些甚至配备了计算机，可以自动寻找和定位星星）。

星等

古代人根据他们的经验，把星星按相对亮度分成不同的级别（在地球上看起来最明亮的星体，被归为一等星；肉眼勉强可以分辨的星星，被归为六等星）。

星等其实是与星星的可视亮度的对数成反比的。但是在地球上看到的星星的亮度会受距离因素的影响，因此，必须弄清楚“可视星等”和“绝对星等”之间的区别（绝对星等相当于在三十多光年外的距离看到的星星的亮度）。

如果知道了一颗星星的可视星等和绝对星等，我们就可以推算出这颗星星与我们之间的距离。

星星的一些共性

我们在地面上观察到的星星是一个个闪烁的小光点。地球大气层的波动造成了光线传播的改变，因此造成了星星的闪烁。人们把夜空中最亮的那些星星连接起来组成一些图形，称之为星座。古代的欧洲人已经认识了地球北半球的星座，给它们起了一些罗马神话的名字（如武仙座、猎户座、仙后座等）。欧洲人直到文艺复兴前都没有见过南半球的星空。因此到1522年麦哲伦环球航行时，船上的水手才给南半球的星座起了名字（如苍蝇座、御夫座、画架座等）。在同一个星座里，看起来接近的两颗星星可能相距非常遥远。如果只是以地球的视角看它们投射在天幕上的位置来判断它们之间的距离，很可能是错误的。

在大部分情况下，我们可以分辨出星星的颜色（大部分是黄色或者橙色，也有一些是蓝色或者红色）。我们看到的星星的亮度由两个因素决定：1. 其本身的亮度；2. 星星和我们之间的距离，离我们越近的星星显得越亮。天文学上用精确的“星等”概念来给天从这张图里，我们可以看出星星有着不同的亮度和颜色。

恒星的分类

一个熟练的观测者可以分辨出恒星的颜色和亮度。在 20 世纪初，丹麦天文学家赫茨普龙和美国天文学家罗素就是根据恒星的颜色和亮度，各自独立提出了恒星分类图——赫罗图（用恒星的颜色作为横轴，用恒星的亮度作为纵轴）。事实上，恒星的颜色和其外层的温度直接相关（10000 开尔文上的恒星呈现蓝色；5000~6000 开尔文的恒星呈现橘黄色；低于 3000 开尔文的呈现红色）。

体的亮度分级（天体包括恒星，也包括银河和行星等）。

恒星发出光芒的原理其实和太阳发光是一样的：恒星内部的温度非常高（像太阳这样的恒星内部温度高达数千万度，而红巨星和蓝巨星的内部温度更高，可以高达数亿度），每一个夜空中的恒星其实都是一个无比巨大的核聚变反应堆。

几乎所有的恒星在夜空中的相对位置显得都是固定不变的（仅仅因为地球自转的效应而呈现出绕北极旋转的运动）。这些恒星离我们过于遥远，因此它们的运动显得非常微小，我们穷极一生用双眼观测也难以发现其变化（大熊星座，即北斗七星的形状在几千年里才会改变）。恒星都拥有巨大的能量，其本身的改变非常缓慢。太阳这一类恒星的生命都是以百亿年来计算，其他质量是太阳十倍以上的恒星的生命都是以数千万年来计算的。

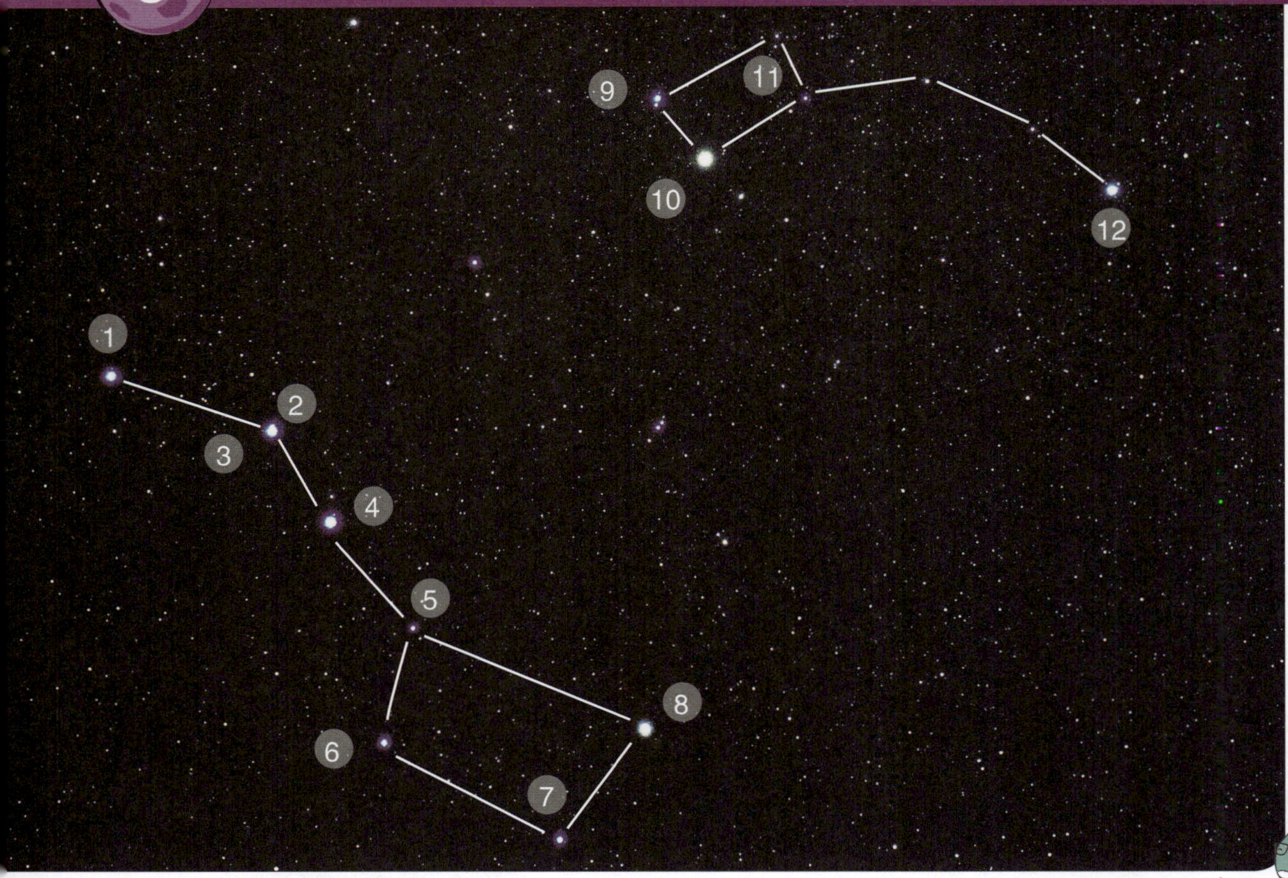

大熊星座与小熊星座

大熊星座与小熊星座可以说是夜空中最容易被辨认出来的两个星座。无论是一年中的什么季节，也无论是夜晚的什么时刻，它们总是闪耀在夜空中。大熊星座中，大熊尾巴上的第二颗星（即北斗七星中的“开阳”星）其实是一颗双星 (ALCOR 和 MIZAR)，距离地球约 80 光年，实际亮度约是太阳的 60 倍。它们的直径约为 500 万千米，约为太阳的 7 倍。熊尾巴的第三颗星（即北斗七星中的“玉衡”星 ALIOTH）是一颗蓝巨星，也非常明亮，其实际亮度是太阳的 100 倍，直径更大一些（560 万千米），与地球之间的距离和开阳星差不多（大熊星座里的恒星来源于同一个星云，所以和其他星座里的恒星不同，它们彼此间的距离并不特别遥远）。

北极星总是位于正北方向，也是很容易辨认出来的。将大熊星座中的两颗星作一条连线并向上延长，就是位于小熊星座的北极星。北极星是一颗离我们 400 光年的超巨星，其直径为 2 亿千米，实际亮度是太阳的 2000 倍。小熊星座里也有七颗星可以连成一个小勺子的形状，勺子底的那颗恒星（即“北极二” KOCHAB）是一颗美丽的红巨星，离地球 130 光年，直径约为 8000 万千米，实际亮度是太阳的 190 倍。

连连看

试着在上面的图里将星星连在一起，连出小熊星座。

看一看

用一个双筒望远镜，我们就可以在大熊星座的右上方找到两个美丽的星系——M81 和 M82。它们属于我们在星空中可以观测到的那些最壮观的螺旋星系之一，离我们大约 1200 万光年的距离。

一点历史

无论在什么年代，无论在什么地方，人类总是喜欢在星空下，讲述一些优美的神话故事……

在希腊神话里面，主神宙斯爱上了仙女卡利斯托。天后赫拉忌妒，把卡利斯托和她的儿子阿卡斯变成了一大一小两只熊，这就是星空中的大熊星座和小熊星座。天后赫拉还要求海神让大熊座和小熊座永远绕着北极旋转，不能像其他星星一样落入海里休息。

对于罗马人来说，这是七头在天上耕田的牛。古罗马人用的拉丁语里称之为"SEPTENTRION"，就是拉丁语中七头牛的意思（SEPTEM：七；TRIONES：牛）。

北美的印第安人认为大熊星座是一头被三个猎手追逐的大熊。阿拉伯神话里，小熊星座是抬着父亲棺材的三个女儿，很久以来，她们就这样追逐着杀害她们父亲的凶手。

金牛座

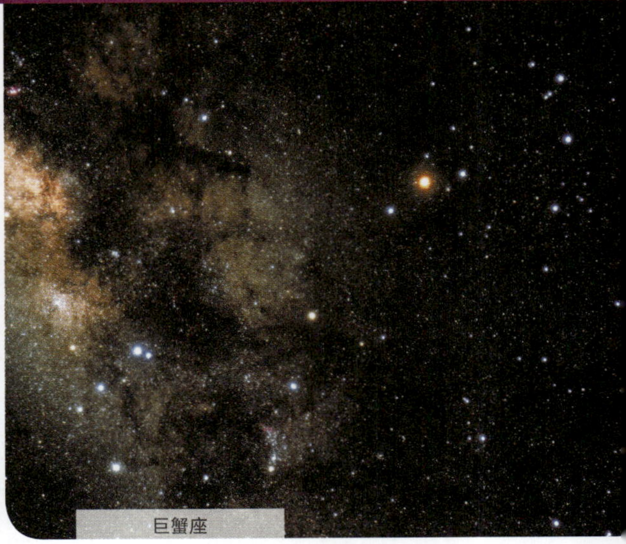
巨蟹座

黄道宫中的两个星座：金牛星座和天蝎星座

黄道是一年当中太阳在天球上经过的轨迹线，看起来就像它在群星之间移动的路径。在这条路径上一共有十二个星座，都和大量的神话传说有关，黄道十二宫的星座都因此而得名。

要描述金牛座，就必须谈到星空中几个最吸引人的天体。其实金牛座可以被想象成有着两个尖角的牛头。其中一端的牛角是五车五星（一颗蓝巨星，距离地球约130光年，亮度是太阳的300倍，直径为800万千米），另外一端的牛角是天关星。代表着牛的一只眼睛的毕宿五星非常明亮（这是一颗红巨星，距离我们65光年，其直径为6000万千米，亮度是太阳的150倍），代表另外一只眼睛的恒星毕宿一星则要黯淡得多。牛的嘴巴是一个离太阳最近的疏散星团——毕宿星团（距离我们151光年，直径约为18光年）。我们用肉眼就可以观察到毕宿星团，其恒星在夜空中呈V字形。最后，代表牛的脖子的就是毕宿八星。古代人把金牛座看作是宙斯变形而成的一只公牛，它带走了少女欧罗巴。

夏季夜晚的天蝎座可以被分为三个部分：首先是六颗恒星组成的蝎子的头，其中四颗在一条直线上，加上其他两颗形成了蝎头的形状。最上面的星星——钩钤星，是一个双星，离我们约500光年。其中较亮的一颗恒星的亮度是太阳的2000倍，直径约为2000万千米。下面的两颗星，较暗的一颗叫心宿一星，较亮的一颗叫心宿二星。

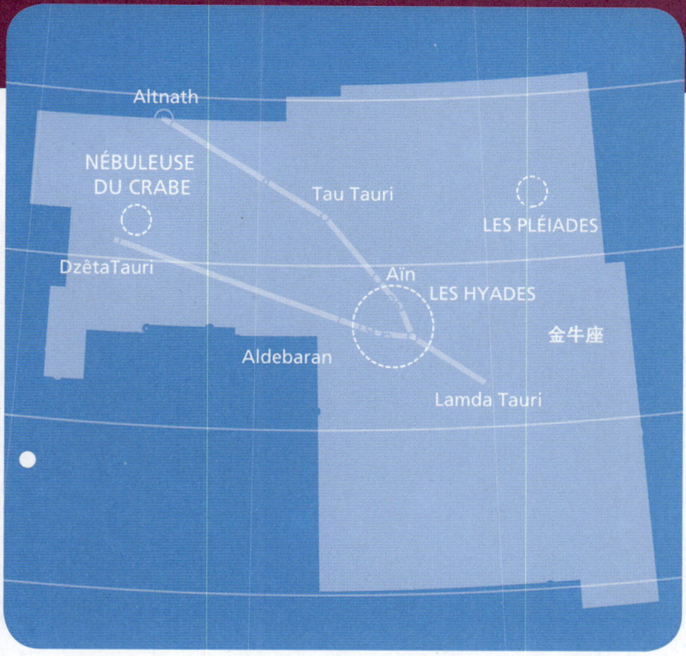

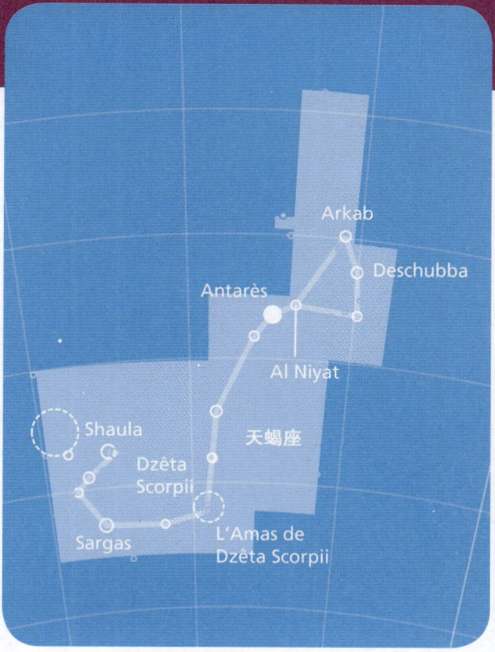

蟹状星云

我们用一台小型天文望远镜就可以观赏到，在天关星的旁边有一个美丽的纤维状光斑——蟹状星云。蟹状星云是 1054 年爆炸的一颗超新星留下的遗迹，中国古代的很多天文学家观测并记录到了这一颗超新星的爆发。该星云离我们约 500 光年的距离，其自身宽度约为 6 光年。

在金牛座和英仙座之间，我们用肉眼就可以完美地看到昴宿星团。昴宿星团是几颗蓝色的恒星，被一团薄纱般的蓝色物质包裹着。如果用双筒望远镜观测，其景象一定更吸引人。昴宿星团是由诞生在 1 亿年前的 500 个年轻的恒星组成的，离我们约 400 光年的距离，其直径约为 30 光年。

心宿二星是星空中最明亮的红超巨星，离地球约 700 光年，直径约为 10 亿千米，亮度等于 10000 个太阳。就在钩钤二星的旁边，我们可以观测到由一些特别老的恒星组成的行星状星云，该星云由约 50 万颗恒星组成，星云的形状为球形。蝎子的身体包括四颗恒星。最下面一颗恒星是尾宿三星，这是一颗蓝超巨星，其亮度达到了太阳的 30 万倍！

就在尾宿三星的旁边有一个非常明亮的星团，其宽度为 10 光年。蝎子的身子由 5 颗恒星组成。在其左上方是天蝎星云，这个星云我们在北非、南欧和中国都可以看见，是一个年轻的星团。

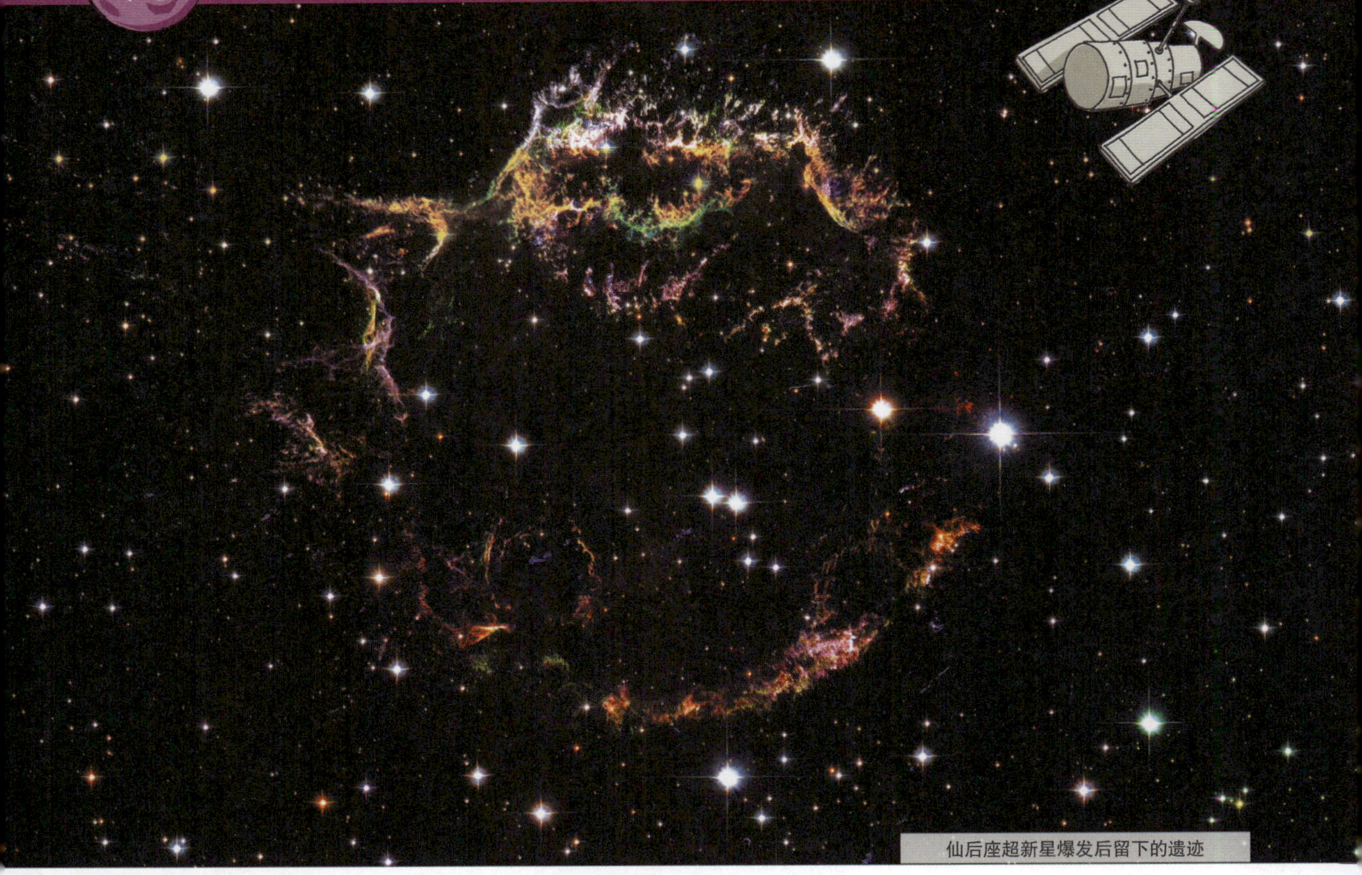

仙后座超新星爆发后留下的遗迹

仙后星座

仙后座也是最容易被认出的星座之一，它在夜空中组成了一个明亮的“W”形。就像大熊座和小熊座一样，仙后座也是绕北极星旋转，永远不会落到地平线下面。在“W”中间的策星是仙后座里最亮的一颗恒星，它是一颗蓝超巨星，距离我们 700 光年，比太阳亮 4000 倍，直径为 1500 万千米。策星是一颗爆发变星，会周期性地吹出炽热的气体，在不同的阶段其亮度也发生剧烈地变化。在策星和王良四星之间，我们可以观测到王良三星。王良三星离我们 19.4 光年，很像我们的太阳（一样是黄色，亮度也几乎一样——是太阳亮度的 1.2 倍，直径也接近太阳）。在王良三星的重力场里面有一颗红色的伴星，其亮度只有王良三星的 1/30，每 500 年围绕王良三星运转一周。

在王良四星和王良一星的延长线上，我们可以看到一个特别明亮的星团，我们称之为仙后座星团（M52）。该星团离我们约 5000 光年，其跨度约为 15 光年。用一个双筒望远镜或者一台小型天文望远镜，我们就可以在该星团的核心区域观测到一组近百颗密集的恒星。这些恒星大部分都是蓝巨星，年龄都约为 1 亿年。

神话传说

在希腊神话中，埃塞俄比亚王后卡西奥佩娅炫耀自己的女儿安德洛墨达比海中所有最美丽的仙女都美丽，因此得罪了海神波塞冬之妻安菲特里。安菲特里要波塞冬替她惩罚傲慢的卡西奥佩娅，于是波塞冬派出了一个大海怪，在埃塞俄比亚海岸大肆破坏。为了平息神的怒火，卡西奥佩娅只能被迫用铁链把自己的女儿安德洛墨达锁在巨石上作为祭品。后来英雄珀耳修斯战胜了海怪，救出了安德洛墨达，并和她结了婚。

这些神话传说中的人物，今天我们都可以在天上的星座上看到。

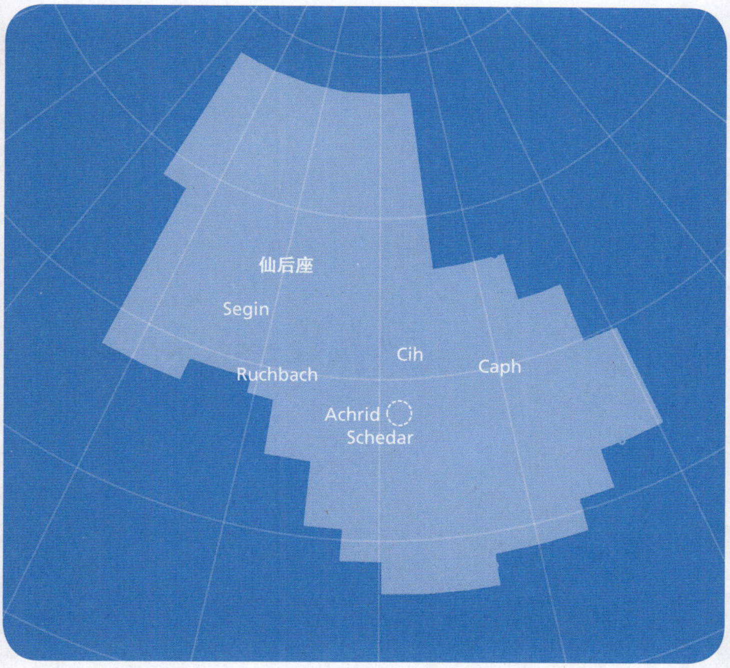

连连看

试着在左边的图里将星星连在一起，连出仙后座

你能回答吗?

1. 仙后座星团是由什么样的星星组成的?

2. 仙后座“W”形的这5颗星星是彼此靠近的呢？还是完全没有联系的?

猎户星座

猎户座是一个冬季的星座。从每年八月到第二年的三月，我们都可以观测到它。每年一月份的午夜，猎户座位于夜空的正南方向。猎户座的四颗明亮的恒星组成了一个四边形。其中的参宿四星是一颗红超巨星，距离我们 400 光年，直径约为 8 亿千米，比太阳要亮 10000 倍；参宿五星和参宿七星离我们 800 光年，都是蓝巨星，直径为 1 亿千米，比太阳亮 40000 倍；最后一颗是参宿六星。

在这个四边形的中心位置，我们可以看到猎户的腰带，由三颗从东向西连成一线的亮星构成。这三颗星也被称为“三王星”（分别是参宿一星、参宿二星及参宿三星），代表了耶稣诞生的时候来到伯利恒朝圣的三位东方贤人。

紧靠着参宿一星的左边，就是著名的马头星云（由星际物质和尘埃组成了马头的形状）。马头星云离我们 1500 光年，跨度为 1 光年。在猎户的腰带下方，参宿六星和参宿七星的上方，是一个由四颗蓝超巨星组成的星团。该星团距离我们 1500 光年，直径为 1 光年，用一个双筒望远镜就可以观测到。因为这个星团会加热其周边的星际气体，因此产生了明亮的猎户座星云。对于一个天文爱好者来说，这是用一个简单的天文望远镜所能观测到的最美的天体之一。科学家也已经证明了猎户座星云中有新恒星的诞生。

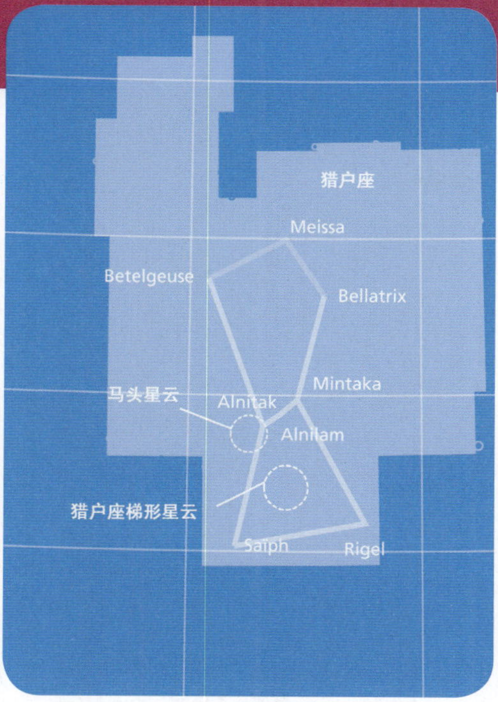

猎户座星云

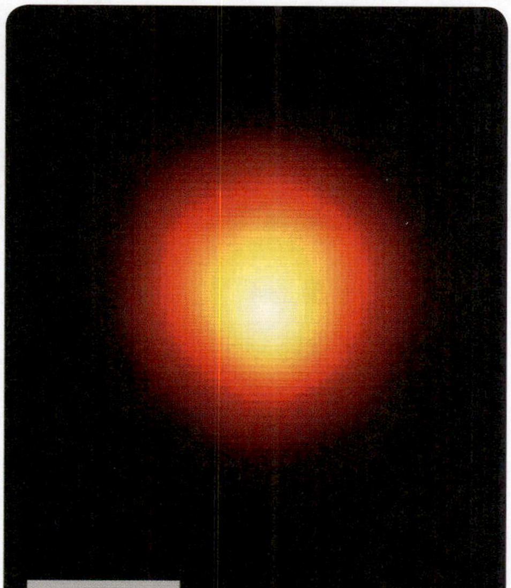

参宿四星

传说

狩猎女神阿尔忒弥斯和猎人俄里翁一起打猎。由于俄里翁俊美而强壮，阿尔忒弥斯的哥哥太阳神阿波罗很担心自己的妹妹，于是就放出了一只巨大的蝎子追逐俄里翁。当俄里翁逃得已经远到了辨认不出的距离时，阿波罗让他的妹妹对着已经看不清的蝎子射一箭。但她靠近以后才发现射死的是俄里翁。绝望的阿尔忒弥斯只能把俄里翁放置在群星之间，给了他不朽的生命。这就是猎户座的由来。俄里翁的猎犬也被放在了他身边，就是大犬座（天狼星就是大犬座里的一颗恒星）。在天球的另一边是天蝎座。巨蝎继续在天上追赶着俄里翁，但它永远也追赶不上。

马头星云

猎户座星云和马头星云

毫无疑问，猎户座星云和马头星云是夜空中最美丽的天体。但很可惜，以大多天文爱好者的现有条件，很难观测到这两个星云。马头星云里的“马头”，其实是由一些在我们和恒星之间的星际物质和尘埃组成的。马头星云美丽的胭脂红色，是来源于其临近恒星将周边的星际物质电离而产生的电离状的氢。猎户座星云也同样是我们银河系中不断产生新恒星的一个区域。

天鹅星座

天鹅座在夜空的南方，呈现出一个美丽的十字形状。辇道增七星是天鹅的头（其实这是一组双星，离太阳系 385 光年，用一台小型天文望远镜就可以观测到），天鹅的身子就是天津一星，尾巴就是天津四星，左边的翅膀是由天津二星和奚仲一星组成的，右边的翅膀是天津九星（其名字来源于阿拉伯语的“翅膀”）。天津九星比我们的太阳更大，也更年轻，离我们约 72 光年。

在整个天鹅座中最亮的是尾巴上的天津四星，它是一颗非常明亮的超蓝巨星（其亮度等于 3000 个太阳）。再过 100 万年 ~200 万年，该恒星会爆发成为一颗超新星。在天津四星旁边，用双筒望远镜或者小型天文望远镜就可以欣赏到一个发射星云，其形状有点像北美洲大陆，所以被称为“北美洲星云”。因为富含氢，该星云呈现为红色。北美洲星云和我们的距离与天津四星是一样的，约为 3000 光年，其跨度约为 5 光年。

在天鹅翅膀上的天津九星附近，我们可以看到一些“花边”。这其实是一个超新星爆发后留下的遗迹，距今已经有 5000 年的时间了。只有在天空非常清澈的夜晚，用一个双筒望远镜才可以观测到这个“花边”。它离我们 1500 光年，跨度约 80 光年。让我们转动我们的双筒望远镜，转向天鹅的左边翅膀，往奚仲四星的方向看过去。在离我们 70 光年的地方，我们观测到的这颗恒星的形态和太阳比较接近，它也拥有一个自己的行星系统。当然，用双筒望远镜是看不到它的行星的。

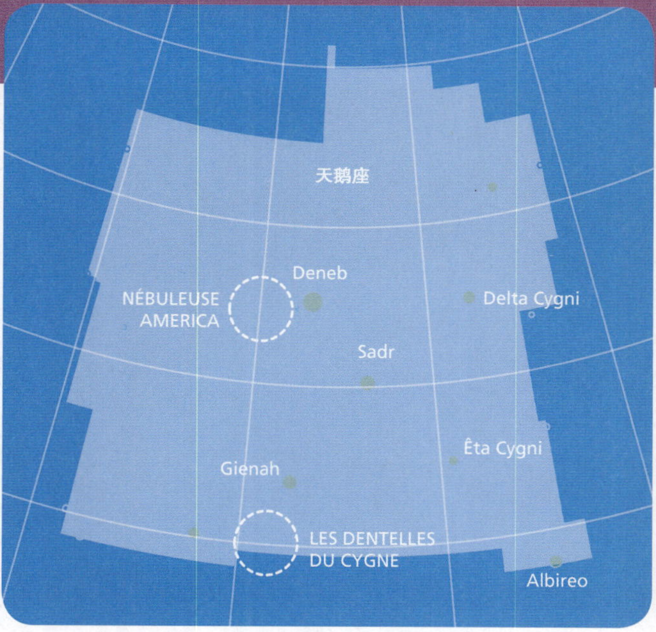

天鹅座花边

连连看

试着在上边的图里连出天鹅星座。

牛郎织女的故事

对中国人来说，这些星星的名字来源于一个伤感的传说。玉皇大帝有七个女儿，其中最小的一个叫织女。织女在天庭里，无论白天晚上都在织布。有一天，织女和诸仙女下凡游戏，在河里洗澡时遇见了年轻的牛郎。牛郎和织女一见钟情，彼此相爱。当玉皇大帝发现他的女儿和一个凡人结婚后非常生气，把织女带回了天庭。牛郎便拼命地追着织女，这时王母娘娘把自己的发簪扔了出去，在天空划出了一条波涛滚滚的大河，分开了牛郎和织女，这就是我们看到的银河。

喜鹊同情这一对被分开的爱侣的遭遇，因此每年农历七月初七，无数喜鹊飞来，用身体组成一道跨越天河的桥，让牛郎织女在天河上相会。

北美洲星云

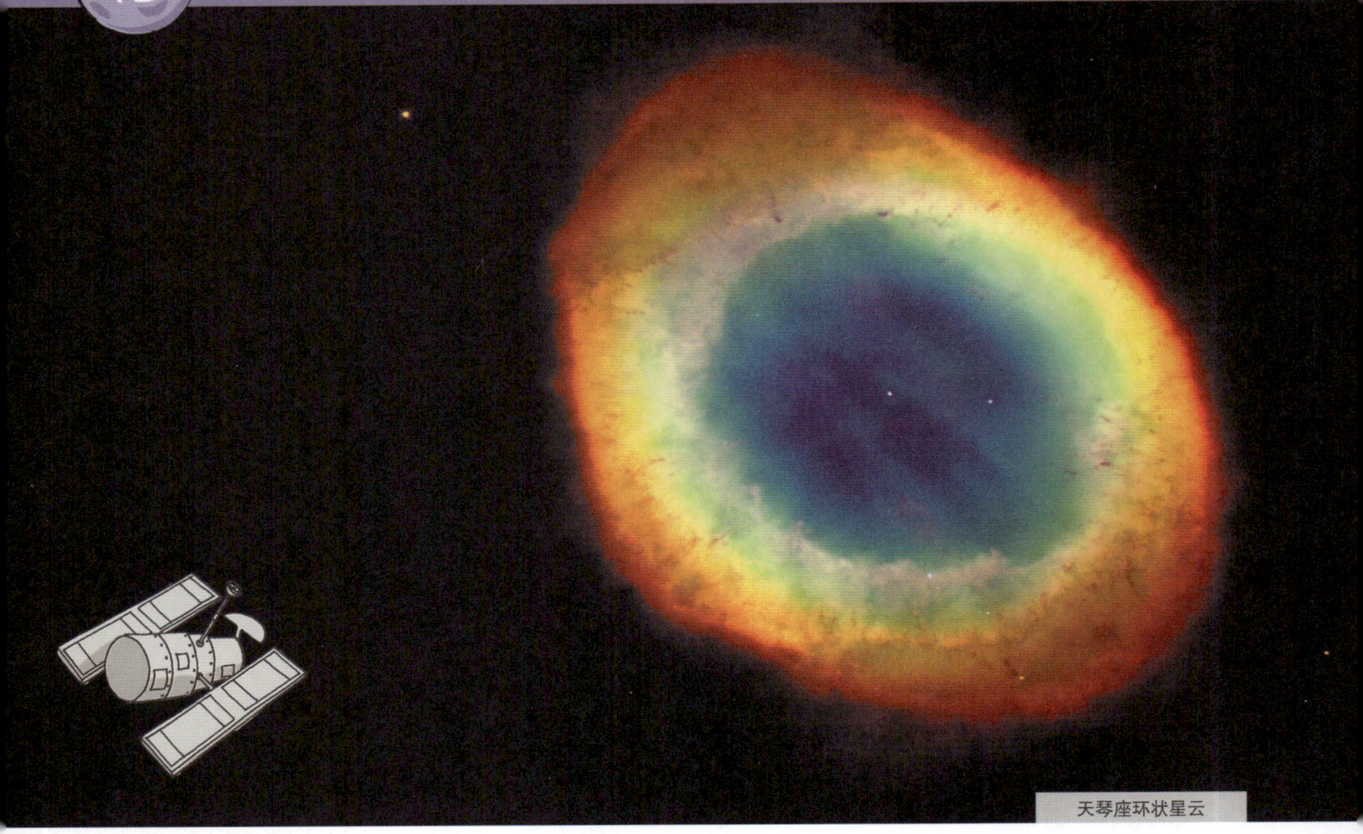

天琴座环状星云

天琴星座

在夏季的夜晚，我们很容易就可以找到天琴座，在其明亮的主星——织女星的下面，天琴座形成了一个美丽的菱形。

织女星是星空中几颗最亮的恒星之一，离我们的距离是25.3光年。其亮度是太阳的50倍，直径是400万千米。天琴座的织女星、天鹰座的牛郎星和天鹅座的天津四星跨过银河，共同组成了夏季夜空中的大三角形。

如果我们用一台小天文望远镜观测天琴座底部的两颗星（渐台二星和渐台三星）中间的区域，我们可以看到著名

神话传说

在希腊神话里，传说诗人奥菲斯善于弹奏竖琴，连野生动物都会被他的琴声迷住。在他的妻子尤丽提西去世之后，奥菲斯决定进入地府去寻找自己的妻子。冥王被他的琴声打动，同意让他带自己的妻子回到人间，但有一个条件：在尤丽提西跟着他回到阳间的路上，任何情况下，奥菲斯都不能回头看自己的妻子。但是奥菲斯没有能控制住自己，还是回头了，最终只能眼睁睁地看着自己的爱妻又落回地府。伤心欲绝的奥菲斯在山野里流浪，再也不弹奏竖琴了。酒神的女祭司们被奥菲斯的诗歌吸引，想在路上诱惑奥菲斯，但奥菲斯拒绝了她们，沉浸在狂怒中的她们撕碎了奥菲斯。艺术女神缪斯将奥菲斯庄重地埋葬。宙斯把他的竖琴放到了天上，就是我们看见的天琴座。

的环状星云。这是最容易观测到的行星状星云：其直径约为 1 光年，离我们有 2000 光年的距离。环状星云是一颗小质量恒星在其生命最后阶段的形态，就在它成为白矮星之前，随着这颗恒星渐渐地失去光芒，它将先变成一颗不可见的褐矮星。

太阳系

太阳系是由一颗恒星（太阳）和很多受到太阳的引力约束的大大小小的天体组成的。其中包括 8 颗行星、至少 165 颗已知的卫星、5 颗已经辨认出来的矮行星和数以亿计的太阳系小天体。

太阳系八大行星都运行于一个几乎相同的轨道平面上。离太阳最近的四颗行星（水星、金星、地球和火星）被称之为内行星（类地行星）。这些内行星的尺寸较小，密度较高，都是固体行星，只有少数拥有卫星。而在太阳系中稍远的区域是四颗巨行星（木星、土星、天王星和海王星），也称为外行星（类木行星）。这四颗巨行星都有行星环，其中土星的环最明显。太阳占有太阳系内已知质量的 99%，并以引力维系着整个太阳系。

在内行星和外行星之间，存在着一个小行星带。小行星带拥有数百万颗直径在 1 千米以上的小天体。其中最大的一颗是谷神星。谷神星的大小接近冥王星，被归入矮行星类。

在地球上，从八月中旬到十一月中旬，经常可以看到“流星雨”。来自于外空间的天体颗粒闯入地球大气层，与大气摩擦，产生大量光和热，形成流星。很多流星来自于小行星带。

在太阳系的边缘是我们称之为“奥尔特云”的区域，距离太阳约 0.8 光年。这是一个由不计其数的冰冻天体构成的区域。其中的一些冰冻天体的轨道是椭圆形的。当这样的冰冻天体进入内太阳系后，与太阳的接近会导致其表面的冰冷物质升华汽化，拖曳出由气体和尘粒组成的彗发，形成一颗我们可以观察到的彗星。

太阳系的诞生

对太阳系诞生的最好的描述是 18 世纪由法国的拉普拉斯和德国的康德分别独立提出的。他们描述了一个巨大的气体星云，在引力的作用下开始塌缩。星云的中心部分塌缩形成了太阳；因为引力和自转的作用，其他部分变成扁平的行星盘。行星盘上的颗粒互相碰撞，黏合在一起，逐渐形成了行星的原型。而那些没能凝聚在一起的颗粒，成了我们现在所见到的小行星带。

排排看！

1. 将以下星体按离太阳的远近排序。

☐小行星带 ☐小行星带 ☐谷神星 ☐木星 ☐月球 ☐火星
☐水星 ☐海王星 ☐奥特星云 ☐冥王星 ☐土星 ☐地球
☐天王星 ☐金星

2. 这些星球哪些有大气层，哪些没有大气层？

3. 哪些星球拥有自己的星环系统？

4. 哪些没有卫星？

5. 试着将它们按尺寸大小排序。

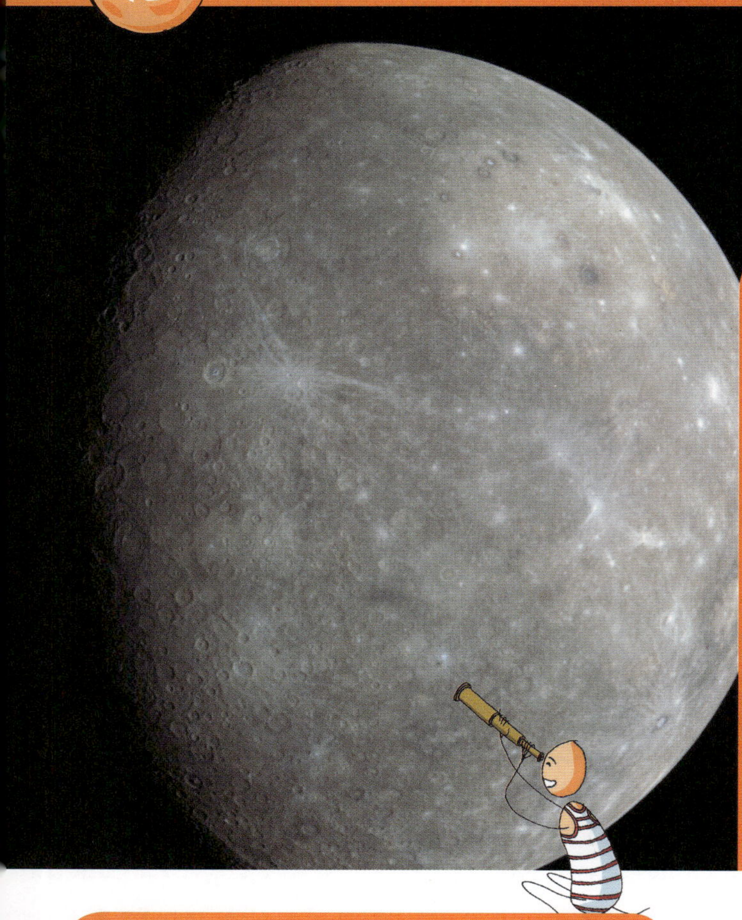

水星的身份证

身份：行星

离太阳的距离：5800万千米

绕太阳一周时间：88天

自转一周时间：59天

半径：2440千米

质量：3.3×10^{20}吨

密度：5.4 克/厘米^3

水星表面温度：–183摄氏度至430摄氏度

类地行星

离太阳最近的四颗行星（水星、金星、地球、火星）被称为“类地行星”。因为他们都是类似地球的高密度固体行星。和太阳系外层的巨型气体行星相比，类地行星的大气层比较薄，有些甚至没有大气层。

什么时候可以看见水星

因为水星太接近太阳，所以很容易被太阳的光芒所掩盖，只有在日出前或日落后短暂的曙光、暮光内，才有可能观测到水星。

水星

水星是太阳系的八大行星中最小、最靠近太阳的行星，也是轨道偏心率最高的行星。水星近日点离太阳的距离是 4600 万千米，而其远日点离太阳的距离是 7000 万千米。水星的公转周期比较短，为 88 天。因此我们观测水星在天空中的移动，其速度是很快的。也是因为这个原因，罗马人用罗马神话中头戴一顶插有翅膀的帽子的医药和旅行者的保护神墨丘利（MERCURIUS）的名字来命名水星。

水星的质量只有地球的 5.5%，但其密度和地球差不多。人们因此推测水星应该有一个 1830 千米半径的金属性质的内核。这个内核只占据了水星 40% 的体积，但却拥有其 60% 的质量（2.1 × 10^{20} 吨）。

水星几乎不拥有自己的大气层。像月球一样，水星的质量不够大，其引力不足以吸引住气体分子。因为没有大气层保持温度，水星表面的最高温度在近日点可以达到 430 摄氏度，而其暗面的最低温度只有 –183 摄氏度。同样是因为缺乏大气层的保护，水星的表面布满了撞击后留下的陨石坑，其中的卡洛里（CALORIS）盆地陨石坑直径达到 1300 千米之巨。

这些陨石坑大部分是在太阳系早期行星形成阶段经历大量猛烈撞击形成的。水星有一个非常弱的磁场（其强度只有地球的 1/60）。水星没有自己的卫星。

水星探索

人类对金星和火星都进行过多次探测。但对水星的探测比较少。人类最早发射的靠近过水星的航天器是美国航空航天局 1973 年发射的水手 10 号探测器（MARINER 10）。另外，2004 年美国国家航空航天局又发射了信使号探测器 (MESSENGER)。欧洲空间局计划在 2017 年发射两艘太空船，预期将于 2019—2020 年抵达并环绕水星。其中一艘太空船将描绘水星地图，另一艘将研究它的磁场的强度。该计划被称为“贝皮可伦坡”（BEPICOLOMBO）探测计划。

你能回答吗？

1. 水星的密度为什么比月球高？
2. 水星上的环形山是如何产生的？
3. 水星的自传轴垂直于其公转轨道，在水星上有四季吗？

金星的身份证

身份：行星

离地球的距离：10 800万千米

半径：6050千米

绕太阳一周时间：224.7天

自转一周时间：243天

质量：4.9×10^{21}吨

密度：5.2 克/厘米^{3}

金星表面温度：446 摄氏度至490摄氏度

金星

金星是一个类地行星，离太阳和地球的距离都比较近。虽然金星的大小、质量和密度与地球比较接近，但在其他方面则与地球明显不同。金星表面的平均温度非常高，它的地表和大气层里几乎没有水。金星的自转非常缓慢，自传一周的时间为 243 天，在金星上，“一天”比“一年”还要长。金星的自转方向也和几乎所有其他行星不同，金星几乎没有磁场，也没有卫星。

金星有非常浓密的大气层，大气层的质量差不多是地球大气层的 100 倍（地球大气层的质量为 5.3×10^{15} 吨，金星大气层的质量为 4.8×10^{17} 吨）。金星表面上的大气压力是地球表面大气压力的 92 倍左右。金星大气是由 96.5% 的二氧化碳，3.5% 的氮气和非常少量的二氧化硫、氩气和水蒸气组成。富含二氧化碳的金星大气层，创造出强烈的温室效应，使其表面的温度非常高。虽然金星离太阳的距离比水星离太阳的距离要

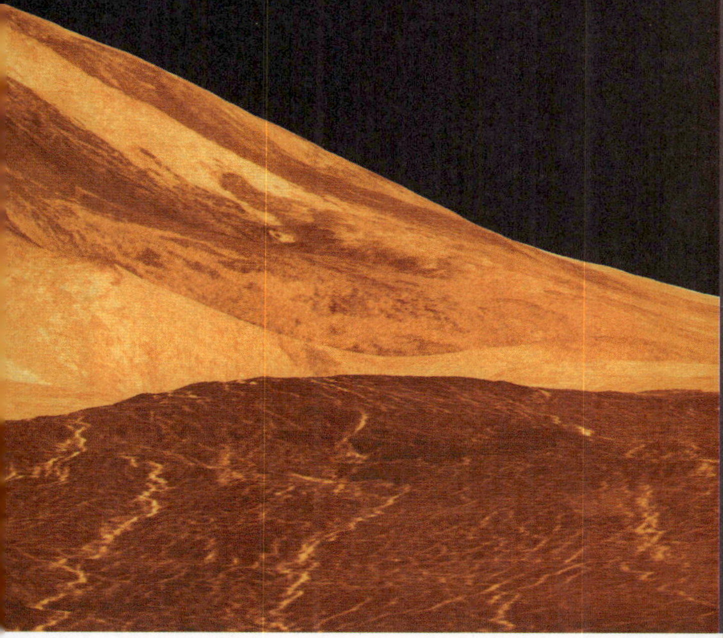

你能回答吗？

1. 什么是温室效应？
2. 金星上有水吗？
3. 为什么金星上的“一天”比“一年”还长？

远 2 倍，但金星表面的温度还是达到 460 摄氏度，比水星最高表面温度 430 摄氏度更高。在浓厚的大气层之上，是包含二氧化硫和硫酸水滴的浓厚云层。金星大气层的风速非常高，每 4 天就可以绕行金星一圈，其速度是金星自转速度的 60 倍。

牧羊人之星

古罗马人以“爱与美”的女神“维纳斯”的名字为金星命名，可是也有很多人将其称为“牧羊人之星”。金星是傍晚时最早出现，清晨最晚消失的星星，为早出晚归的牧羊人照亮道路。而对于基督徒来说，正是金星引导着东方三贤找到了圣婴基督。

上图为金星的雷达照片，雷达穿透了厚厚的云层，显示了金星表面的图像。下图为金星的紫外波段照片，显示了覆盖金星的浓厚云层。

火星

火星的身份证

身份：行星
离太阳的距离：23000万千米
绕太阳一周时间：687天
自转一周时间：24小时37分22秒
半径：3390千米
质量：6.4×10^{20}吨
密度：3.9 克/厘米^3
火星表面温度：−133 摄氏度至3摄氏度

火星是离太阳最远的类地行星。火星环绕太阳的轨道距离约为21000万千米到25000万千米之间。火星的自转周期比地球略长，其直径约为地球的一半，质量约为地球的10%，火星的自转轴倾角与地球接近，因此在火星上也有一年四季。火星的表面在视觉上呈现为橘红色，这是由其地表广泛分布的赤铁矿（即氧化铁）造成的。火星的重力约为地球重力的1/3。火星大气的密度只有地球大气的1/60。大气成分为95%的二氧化碳，3%的氮气，1%氩气，很少量的氧气、水汽等。火星表面经常发生浓密的沙尘暴。火星上的冬季，很多大气中的二氧化碳都被凝结成干冰。在火星南北极都有明显的冰冠，这些冰冠的面积会随着火星季节的变化而扩大和缩小。

火星的南北半球的地形有着强烈的对比：北方是平坦的低地平原，南方则是充满陨石坑的高地；在火星的赤道，有大量的火山区域，其中有整个太阳系中的最高山——奥林帕斯山，其直径为650千米，最高峰高达22000米。

火星在其早期曾经有过大量的水，并拥有过密度更高的大气层。早期的火星也曾经有磁场，但在37亿年前就消失了。没有了火星磁场的保护，火星就暴露在太阳风的灼烧之中，火星的大气层渐渐地被太阳风“扫”过而带走，火星上的水也因此渐渐流失了。

对火星的分析和探测有着特别的意义。火星离地球距离比较近，科学家已经在火星上找到了水，并认为存在找到古微生物痕迹的机会。更重要的是，科学家认为早期的火星和地球很相似，但火星的质量比较小，那些和地球类似的早期活动逐渐消失了。

你能回答吗？

1. 我们怎么知道火星上有过水？

2. 火星的直径是地球的一半，为什么火星的质量只有地球的1/10？

知识点

有两块形状不规则的“大石头”围绕着火星运转，它们是火星的两个卫星：火卫一星（PHOBOS）与火卫二星（DEIMOS）。一些科学家认为它们可能是火星引力所捕获的小行星。其中火卫一星的直径在19~27千米，质量约为1.1×10^{13}吨，在9300千米高的轨道上，每7.7个小时环绕火星一周。火卫二星更小，其直径约为火卫一的一半，质量是火卫一星的1/5。其轨道离火星较远，约23500千米，环绕火星的周期为30.3小时。火星的两颗卫星密度都不高（2克/厘米^3），主要成分是碳。

照片

火星地表

火星探索

人类已经进行了多次火星探索任务。1977年，美国航空航天局的“海盗1号”和“海盗2号”发回了最早的火星地面照片。1997年火星漫游车“旅居者”号在火星登陆传回了大量照片。科学家希望在未来可以向火星发射飞船，以取回岩石进行研究。

为了实现载人登陆火星的愿望，我们还面临着很多问题（如极端的温度、宇宙射线的辐射、预算等等）。

流星与小行星

你能回答吗?

1. 在西方，为什么每年的8月5日到8月15日被称为“星之夜”？

2. 流星是星星吗?

3. 球粒陨石是什么?

4. 为什么天文学家对碳质球粒陨石特别感兴趣?

5. 小行星带和柯伊伯带分别位于太阳系的什么位置?

每年的 8 月 13 日、1 月 3 日和 9 月 14 日，当地球的轨道穿过彗星所留下的大片尘埃碎片区域时，便会形成流星雨。实际上，当这些尘埃颗粒穿过外层大气（离地面 85 千米到 120 千米的高度）时，在大气层中因为摩擦而迅速地发热燃烧，就形成了流星雨。

有的时候，会有一些或大或小的石块，从太空中落到地球上，这就是“陨石”。陨石可以分成两个大类：第一类是石陨石，主要成分是硅酸盐矿物岩石；第二类是铁陨石，主要是由铁和镍组成的，其主要成分可能接近类地行星的金属核心。石陨石又可以细分为两个组：球粒陨石和无粒陨石。其中球粒陨石里含有直径以毫米计算的、被称为“球粒”的球形岩石颗粒。而无粒陨石的结构里则没有这样的“球粒”。球粒陨石中含有碳元素的碳质球粒陨石，被认为很好地保存了 45 亿年前形成太阳系的时候所含有的碳元素成分。

小行星的直径从几米到几千米不等，形状经常是不规则的，其组成混合了岩石、冰和金属。到今天为止，

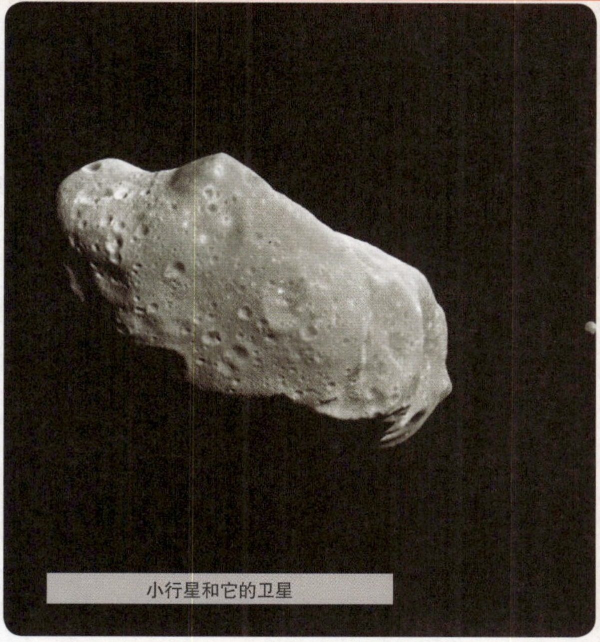

小行星和它的卫星

在火星和土星之间的小行星带里，我们发现了超过 50 万颗小行星。一些天文学家认为小行星带是太阳系形成过程中没能形成行星的残留物质。小行星带太靠近木星，在形成行星的过程中受到木星的干扰，它们不断碰撞和破碎，最终没有能够形成一颗行星。也有一部分小行星位于海王星以外的柯伊伯带，这一部分小行星约有 7 万颗。

因为有这些小行星和陨石的存在，地球并不是完全安全的。小行星中有一类，被称为近地小行星。它们的轨道和地球相交，有可能撞上地球。但是不用紧张，它们撞上地球的概率还是非常小的。在法国尼斯，甚至还有一个专门监视近地小行星轨道的天文机构呢。

知识点

几块著名的陨石

有的时候，陨石可能非常大，就像 6500 万年前落在墨西哥的尤卡坦陨石，其直径达 1 万米之巨。这颗陨石撞出了契克苏勒伯陨石坑，也可能就是这颗陨石造成了恐龙的灭绝。5 万年前，另外一颗直径 45 米、重 30 万吨的陨石落在美国亚利桑那州，撞出了著名的巴林杰陨石坑。1969 年，就在人类登上月球的前几个月，一颗 2 吨重的碳质球粒陨石——阿颜德陨石坠落在墨西哥。幸运的是，当时的实验室做好了研究月球岩石的准备，所以就顺便仔细地研究了这颗阿颜德陨石。研究发现，这颗陨石的水晶成分中富含有太阳系形成前一颗超新星爆发所喷出的元素，因此科学家推测超新星爆发也许在触发太阳星云收缩方面扮演了某种角色。

身份证

身份：行星

离太阳的距离：78 000万千米

绕太阳一周时间：11.9年

自转一周时间：9小时50分

赤道半径：71 500千米

南北极半径：67700千米

质量：1.9×10^{24}吨

密度：3.9 克/厘米^3

木星表面温度：-161 摄氏度至-108摄氏度

木星

1977 年，美国航空航天局发射了两艘外太阳系空间探测器，“旅行者 1 号”和“旅行者 2 号”，先后探测了木星和土星。之后，它们将离开太阳系，进入星系空间。现在“旅行者 1 号”和“旅行者 2 号”探测器都已经离地球超过 200 亿千米了，但直到 2020 年之前，科学家仍然可以和它们保持联系。

木星是太阳系里最大的行星。也是天空中第四亮的天体（仅次于太阳、月球和金星）。木星的质量是地球的320倍，体积是地球的1320倍。木星自转速度非常快，向心力使得木星呈微微的扁圆状。类地行星（如水星，火星等）的质量比较小，自身引力不能吸引住氢和氦这些最轻的元素。而木星的自身质量很大，引力能够吸引住氢、氦元素。这解释了为什么木星的密度很低，因为木星很大部分就是由氢、氦元素组成的。

木星的外层大气有着湍流和风暴，速度可达600千米/小时。17世纪，乔凡尼·卡西尼和其他天文学家发现在木星上有一个大小为12000千米×25000千米的大红斑，这是比地球还大的一个持久性反气旋风暴。直到今天，我们还可以继续观察到这个大红斑。木星外层的平均温度远远高于仅仅接受来自太阳的能量所能达到的

佳利美德

木星大红斑

温度，因此科学家推测木星内部也因为开尔文–亥姆霍兹机制通过收缩产生额外的热量。木星的轨道倾角相较于地球和火星来说非常小，只有3.13度，因此没有明显的季节变化。木星有强大的磁场（比地球强14倍）。它的四颗大卫星的轨道全都位于磁层内，受到磁层保护而得以免受太阳风的侵袭。

木星的卫星

到今天为止，人们发现木星有 63 颗卫星。其中最大、最著名的四颗是 1610 年天文学家伽利略最早用望远镜发现的，后世人们也称之为“伽利略卫星”。因为罗马人用罗马神话里主神“朱庇特”命名了木星，木星的四颗卫星就被命名为朱庇特的四个爱人的名字：埃欧、欧罗巴、佳利美德和卡利斯多。它们在木星的赤道平面上旋转，在夜里用肉眼或者用一架小型天文望远镜就可以观测到它们。

土星的身份证

身份：行星

离太阳的距离：150 000万千米

绕太阳一周时间：29.5年

自转一周时间：10小时47分

赤道半径：60 300千米

南北极半径：54 400千米

质量：5.7×10^{23}吨

密度：0.68 克/厘米^3

土星表面温度：–189 摄氏度至–139摄氏度

土星有一个明显的行星环系统，已经确认的土星的卫星有62颗。

土星及其行星环

只需要一个简单的小天文望远镜，天文爱好者就可以看到土星及其美丽的行星环。土星是太阳系第二大行星，但同时也是密度最小的，其密度只有0.68克/立方厘米，也就是说可以漂在水上。

土星大气层的成分比较接近木星大气层，有比较多的氢和氦，也可以找到少量的水、氨和甲烷。但土星的表面比木星更平静，重力低一些，磁场也没有木星强大。土星的内部结构也与木星相似，有一个由硅酸盐和铁组成的岩石核心，核心被液态氢和氦所包裹着，最外层则是气体。和木星一样，其核心因为重力收缩效应而变得非常热，温度高达11700摄氏度。

土星最特别的地方在于，它拥有太阳系行星中最美丽最明显的一个行星环。这个行星环也是现代天文学研究的一个重要目标。

土星行星环

通过“旅行者号”的探索，我们已经知道，太阳系的四颗巨行星都拥有围绕自己运转的行星环。土星行星环是最明显的，在 17 世纪就已经被天文学家发现。土星密集的行星环带从土星赤道上方 67000 千米处延伸至 480000 千米，估计它的厚度只有 10 米。土星行星环的主要成分是冰粒，也许还掺杂着少许的杂质，大小从 0.01 米到 10 米都有。

土星的主要卫星

和木星一样，土星拥有六十多颗卫星，大部分直径都小于1千米，其中只有13颗的直径大于50千米。

名称	直径	质量（10^{16} 吨）	轨道半径	轨道周期
土卫一星	396	3.75	185 500	0.94
土卫二星	505	10.8	238 000	1.37
土卫三星	1065	61.7	294 700	1.89
土卫四星	1123	109.5	377 400	2.74
土卫五星	1530	230.7	527 000	4.52
土卫六星（泰坦）	5150	13452	1 222 000	15.95

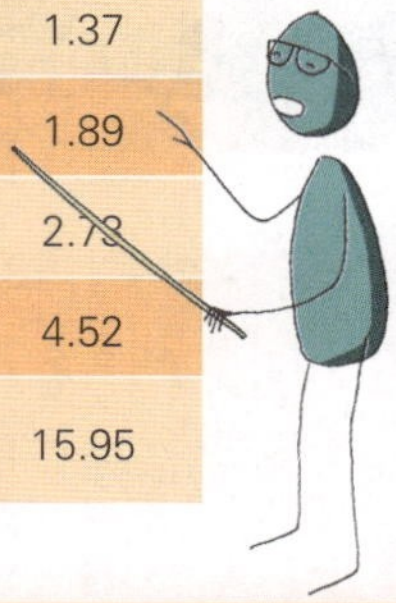

卡西尼－惠更斯任务

1997 年 10 月 15 日，美国国家航空航天局和欧洲空间局合作发射了“卡西尼号”太空船。该太空船先飞掠过木星，然后于 2004 年 7 月 1 日进入土星环绕轨道。该太空船计划使用到 2017 年。卡西尼号太空船携带了欧洲空间局的“惠更斯号”探测器。“惠更斯号”探测器在 2005 年 1 月登陆在土星最重要的卫星——土卫六星（泰坦）的表面。土卫六星（泰坦）是太阳系中唯一拥有浓密大气层的卫星。

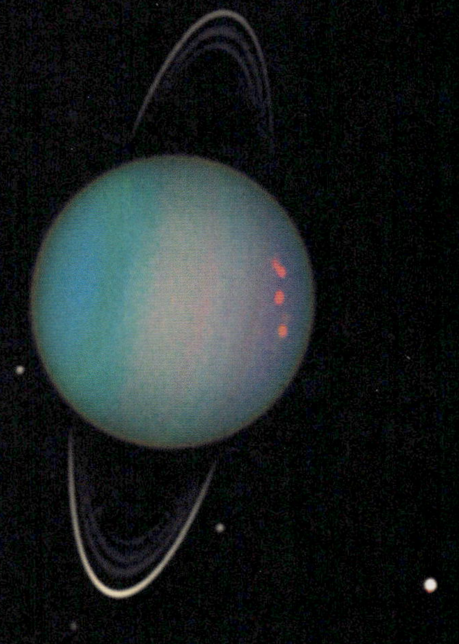

天王星的身份证

身份：行星

离太阳的距离：290000万千米

绕太阳一周时间：84年

自转一周时间：17小时14分

赤道半径：25560千米

南北极半径：24970千米

质量：8.7×10^{22}吨

密度：1.27 克/厘米^3

天王星表面温度：−220 摄氏度至−197 摄氏度

已经确认有27颗卫星

欧贝隆（天卫四星）

天王星

天王星是以希腊神话中的天空之神的名字命名的。1781 年威廉·赫歇耳发现了天王星。这也是人类历史上第一颗用望远镜发现的行星。天王星的自转轴可以说是躺在其公转轨道平面上的，其南北极的位置对于其他行星来说就是赤道平面位置。因此，在天王星上是没有日出和日落的。天王星的公转旋转方向也与其他大部分太阳系行星相反（只和金星一样）。

天王星有一个由硅酸盐和铁组成的岩石核心，直径为 7500 千米。外面被一层由水、氨、甲烷凝结成的“冰”所包裹着，‘冰层”的厚度为 10000 千米。最外面是由氢、氦组成的液体“海洋”，深度为 7500 千米，液体“海洋”的表面逐渐挥发进入天王星的大气层。天王星的大气层平均温度只有 50 开尔文（−220 摄氏度），主要由氢、氦、甲烷和氨组成，也有少量的水、氮、氧和二氧化碳。天王星大气中含有的 2% 的甲烷让天王星呈现明显的蓝绿颜色。

目前已知天王星至少有 27 颗天然卫星，其中有 5 颗是由岩石和冰构成的，分别是：“米兰达”（天卫五星）、“艾瑞尔”（天卫一星）、“乌姆柏里厄尔”（天卫二星）、“泰坦尼亚”（天卫三星）和“欧贝隆”（天卫星四）。

天王星行星环

天王星有 13 个行星环，1977 年，第一个行星环被发现是因为它挡住了天王星的光芒。天王星的行星环主要是由微粒和尘埃组成（大小多为几厘米），环的厚度非常的薄（2~12 千米），离天王星的距离大约是 38000 千米到 98000 千米。

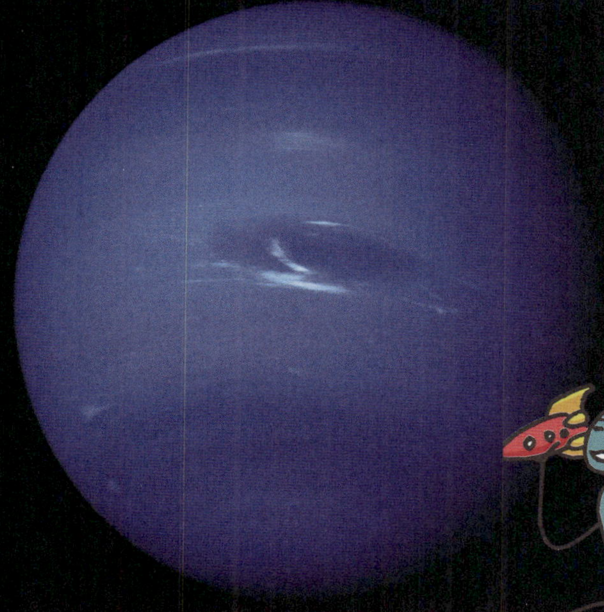

海王星的身份证

身份：行星

离太阳的距离：450000万千米

绕太阳一周时间：164.8年

自转一周时间：16小时6分40秒

赤道半径：24760千米

南北极半径：24340千米

质量：1.0×10^{23}吨

密度：1.6 克/厘米^3

海王星表面温度：–218 摄氏度至–201摄氏度

已经确认有13颗卫星

海卫一星

海卫一星的半径是 1352 千米，质量是 2.1×10^{19} 吨，密度为 2 克 / 厘米^3。海卫一星基本上是由岩石和冰的混合物构成，表面温度介于 –237 摄氏度至 –235 摄氏度之间。海卫一星的大气中大部分是氮。海卫一星上有季节，也拥有南北极的冰冠。其离海王星的距离为 354800 千米，其轨道为逆行，绕海王星一周的时间为 6 天。科学家认为海卫一星不是海王星自己形成的卫星，而是被海王星的引力捕获来的外来卫星。

海王星

海王星以罗马神话中的海神的名字命名，所以中文译为海王星。海王星的大气层里含有甲烷，因而呈现蓝色。海王星和其他三颗巨行星一样，经常有龙卷风和气旋。海王星是不能用肉眼直接观察到的。1843 年，英国人约翰 · 亚当斯和法国人勒维耶根据天王星轨道运行的不规则性，推测出可能存在一颗更远的行星影响天王星的运行轨道。勒维耶推算出了海王星的位置，并说服柏林天文台的约翰 · G · 伽勒搜寻该行星。1846 年 9 月，柏林天文台发现了海王星。

海王星是离太阳最远的行星，结构上和天王星很接近。它拥有 13 颗卫星，其中最大的是海卫一星。和其他三颗巨行星一样，海王星也拥有自己的行星环系统。

你能回答吗？

1. 天王星有星环吗？

2. 天王星的卫星中至少有五颗（“米兰达”天卫五星、“艾瑞尔”天卫一星、“乌姆柏里厄尔”天卫二星、“泰坦尼亚”天卫三星和“欧贝隆”天卫四星）是由相同的物质组成的，这些物质是什么呢？

冥王星

冥王星与其他矮行星

美国天文学家克莱德·汤博于1930年发现了冥王星。很长时间里，冥王星被视为太阳系的第九大行星。直到2006年，国际天文联合会取消了其行星的地位，而将其划入矮行星一类。冥王星的自转周期为6.4天，其内部结构还不完全清楚，但科学家们推测，在冥王星冰冻甲烷的外壳下面，存在着一个冰结构的地幔层，最核心是由岩石构成的地心。冥王星有一个稀薄的大气层，主要成分是甲烷，很可能也有氮气。

1978年，天文学家发现了冥王星最大的卫星——冥卫一星（卡戎）。冥卫一星作为冥王星的卫星来说，其尺寸和冥王星相比显得相当大，直径接近冥王星的一半。冥卫一星在20000千米的轨道上绕冥王星旋转，它的公转周期和冥王星的自转周期完全同步，所以冥卫一星也是一面永远朝着冥王星，另一面永远背着冥王星。2005年，科学家通过哈勃太空望远镜发现了冥卫二星和冥卫三星，2011年发现了冥卫四星，2012年发现了冥卫五星。

矮行星是一个新的分类。最大的矮行星是阋神星，其轨道在冥王星之外。阋神星沿一个椭圆形轨道环绕太阳运行，环绕周期为557年。阋神星的质量和体积都略大于冥王星，但密度几乎和冥王星一样。阋神星也拥

2006年8月已分类的黑矮星品目

名称	半径（千米）	质量 10^{18}（吨）	密度（克/厘米^3）	温度（摄氏度）	离太阳距离 万千米	公转周期（年）	轨道倾角（度）
谷神星	455~487	0.95	2.1	-206	0.381~0.448	4.6	10.6
冥王星	1 153	13	2	-240~-218	5.9~7.3	248	17
妊神星	760~1 000	4.2	2.6 ~ 3.3	-241	5.3~7.7	285	28.2
鸟神星	650~950	?	?	-238	5.8~7.9	308	29
阋神星	1 300	17	2.3	-243	5.6~14.6	557	44

有一个甲烷冰的外壳。阋神星是灰色的，属于海王星外天体，这一类天体通常拥有一些奇怪的名字，如：鸟神星、妊神星、赛德娜、亡神星、创神星等。这其中的头两个（鸟神星、妊神星），也被归为矮行星。

还有一个叫谷神星的小行星也被归为行星之类，它是小行星带里最大和最重的小行星。这是一个直径950千米的小行星，比任何其他小行星都大两倍以上。谷神星的自转周期约为9小时，主要是由富含水的物质组成，包括如碳酸盐岩和黏土等。

你能回答吗？

1. 矮行星与行星有什么不同？
2. 阋神星和彗星有什么不同？
3. 为什么天文学家要观测冥王星和阋神星上的甲烷？
4. 为什么冥王星最大的卫星叫“卡戎”？

海尔-博普（Hale-Bopp）

彗星

彗星是一种特别壮观的天体，每个人都希望在有生之年有机会看见彗星。

事实上，彗星是一种由冰和尘埃构成的太阳系小天体，轨道一般是椭圆形。当彗星接近太阳时，受到太阳的辐射和太阳风的压力，开始挥发出气体，展示出一个稀薄但美丽的大气层，一般称之为彗发。彗发中被剥离出的气体、尘埃、和带电粒子组成一个向后延展的明亮部分，通常被称为彗尾。受到来自太阳的太阳风等离子和光压作用，彗尾可以长达3000万~8000万千米。随着彗星越来越靠近太阳，因为彗核中的一部分物质（冰和灰尘）会被蒸发和升华，彗尾也就变得越来越明显。当彗星离地球足够近的时候，我们可以用肉眼直接观察到彗星。

20世纪末期，一颗最美丽的彗星在1996—1997年间的18个月里都可以用肉眼观察到。这颗彗星是1995年7月23日被两个天文爱好者，海尔（HALE）和博普（BOPP）发现的。当时这个彗星离地球还有7.1个天文单位（天文单位就是地球到太阳的距离，1天文单位=149597871千米）。根据惯例，这个彗星被命名为海尔-博普（HALE-BOPP）彗星。

海尔-博普彗星有三条彗尾。除了笔直的灰尘彗尾，弯曲45° 的电离气体彗尾以外，海尔-博普彗星还拥有一条钠原子彗尾（其来源仍不确定）。海尔-博普彗星的彗核是

罗塞塔号探测器

欧洲空间局在2004年的3月2日发射了罗塞塔号探测器。罗塞塔号携带有一个100千克的菲莱登陆器。在经过10年的行星旅行以后，该登陆器于2014年11月12日在楚留莫夫－格拉希门克彗星的彗核上登陆。这次探测任务的主要目标是细致地分析彗星彗核的组成物质，希望可以找到微生物的痕迹。

右图描绘了菲莱登陆器在楚留莫夫－格拉希门克彗星的彗核上登陆的情景。

你能回答吗？

1. 为什么哈雷彗星的运行证明了牛顿的万有引力定律？

2. 为什么彗星总能激发人们丰富的想象？

3. 2014年在彗星彗核上登陆的探测器的名字是什么？探测的主要任务是什么？

一个大的“脏雪球”，这也是我们目前唯一在上面发现了氩元素的彗星。

海尔－博普彗星是一个长周期彗星，该彗星的上一次回归可能是4200年以前，它是被木星的引力改变了轨道而回归的。该彗星可能来自于太阳系外的离太阳0.8光年的奥尔特（OORT）云区域。海尔－博普彗星再次回到我们头顶的天空的时间是公元4385年。

哈雷彗星

天文学历史上最著名的彗星就是哈雷彗星。牛顿的朋友爱德蒙·哈雷研究发现，在1531年、1607年和1682年三次出现的彗星应该是同一颗彗星。他预测这颗彗星在1758年将会再次回归。这同时也证明了牛顿的万有引力定律。

历史上多个艺术品都描绘了哈雷彗星的形象，著名的贝叶挂毯就描述了1066年，黑斯廷斯战役期间，哈雷彗星经过的场景。1910年的哈雷彗星回归非常壮观。1986年的哈雷彗星则没有那么明亮，但多个国家发射了太空探测器对哈雷彗星进行了观测。其中欧洲空间局发射的“乔托”号，成功地精确测量了哈雷彗星的彗核。哈雷彗星的下一次回归将是2061年。

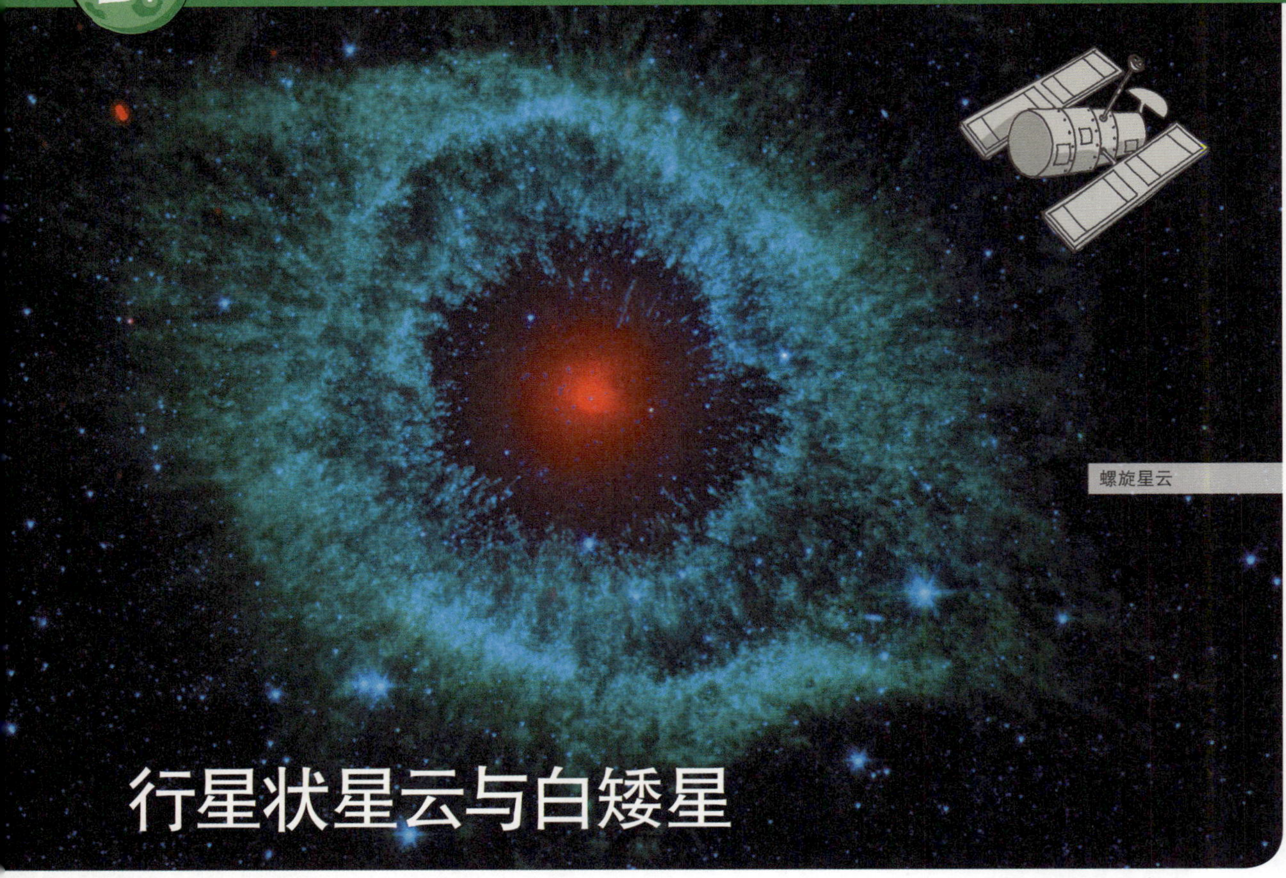

行星状星云与白矮星

行星状星云除了名字外，和行星其实什么关系也没有。这个错误的命名是来源于发现天王星的天文学家威廉・赫歇耳，他觉得这些星云看上去像行星，所以用行星来命名星云。

和太阳大小差不多（或者稍大一点）的恒星在其生命的最后阶段会形成行星状星云。在长达100亿年的时间里，这一类大小接近太阳的恒星可以稳定地发出光和热，核心温度可以达到1000万摄氏度。之后，恒星核心部分的氢逐渐耗尽，恒星膨胀到原来的200~1000倍，成为一颗红巨星。如果是我们的太阳，当其进入红巨星状态时，半径会膨胀到约14000万~70000万千米。而恒星的核心会收缩，以达到氦融合反应所需要的上亿摄氏度的高温。再过10亿年，恒星将再次将其外层物质喷发出去，真正成为一个"行星状星云"。而其核心则继续收缩，温度也继续上升，直到达到30000~50000开尔文，成为一颗"白矮星"。白矮星的质量接近太阳的质量，但半径只有太阳的百分之一。白矮星的密度可以从开始的100克/厘米^{3}一直到高达100吨/厘米^3。

恒星的最后阶段则相对简单，到了白矮星不能继续收缩的时候，白矮星的温度将逐渐冷却，其残骸都将变得冰冷黑暗，成为通常不可见的、被称为黑矮星的天体。但如果白矮星可以从其伴星中吸收到足够的质量，该白矮星则可以变成一颗新星。如果白矮星吸收到的质量非常大，白矮星的内部将发生热核爆炸，将白矮星变成一颗I型超新星。

在我们银河系，一共发现了1500个行星状星云。

蝴蝶星云

猫眼星云

猫眼星云是位于天龙座的一个行星状星云。1786年，威廉·赫歇耳发现了猫眼星云。1864年，天文爱好者威廉·赫金斯对猫眼星云作了光谱分析。这是人类第一次研究星云的光谱。

猫眼星云在天文学上的学名是NGC6543，但习惯上，人们愿意用一个更形象的名字——“猫眼星云”来称呼它。

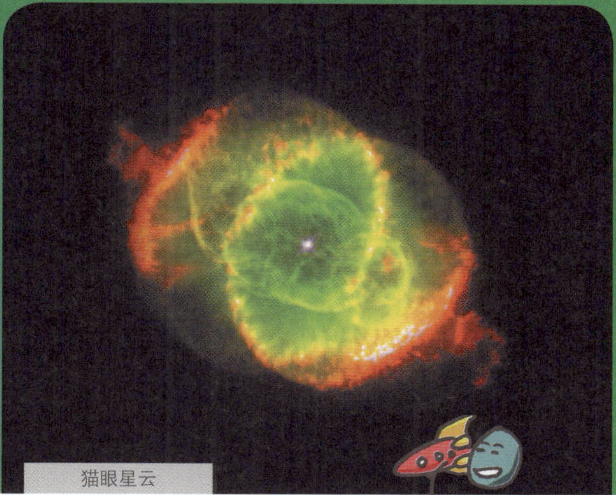

猫眼星云

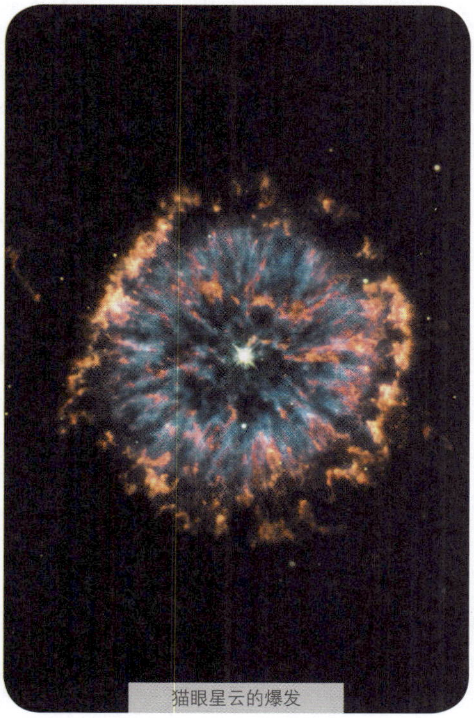

猫眼星云的爆发

你能回答吗？

1. 红巨星的形成是在行星状星云之前，还是之后？
2. 地球在50亿年以后会发生什么？
3. 再过多少年，太阳就会变成一颗白矮星？
4. 行星状星云丰富了宇宙中的星间物质，主要是什么物质？
5. 为什么白矮星很难被观测到？

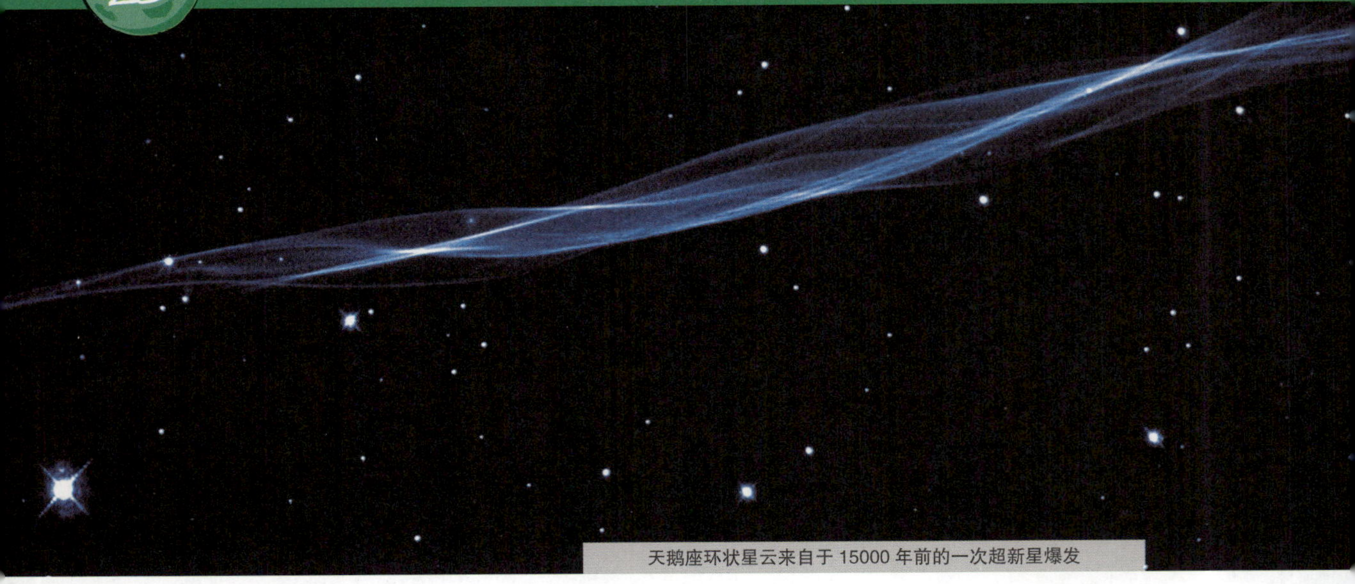
天鹅座环状星云来自于15000年前的一次超新星爆发

你能回答吗?

1.为什么说我们都来自“星尘”?

2.在介绍天上的星座的时候，我们提到过两次“超新星”，是哪两次?

3.为什么超新星也可以被看作是一枚“超级炸弹”?

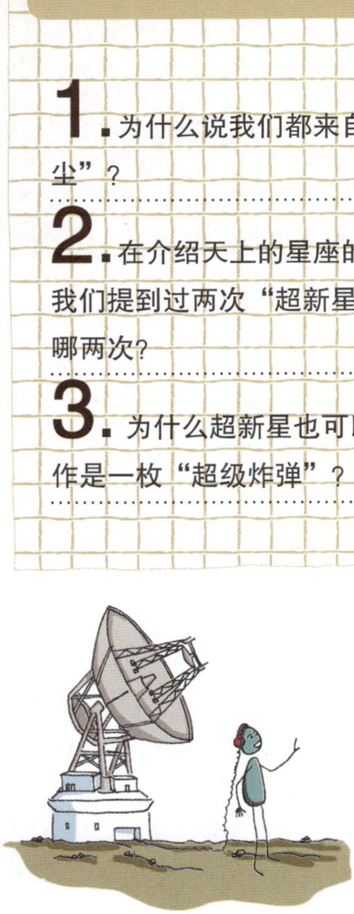

超新星和脉冲星

超新星是一颗爆炸的恒星，可以在很短的时间内释放出无比巨大的能量。超新星的光度非常高，甚至可以达到整个银河系光度的水准，但很快就会迅速衰减。超新星可以用两种方式触发：

1.一个恒星在最后阶段（白矮星阶段），从其双星系统里的伴星那里吸收到足够多的物质，使核心的温度提高到足以产生剧烈的、失控的热核反应，相当于使得氢弹爆炸的程度时，这种热核聚变反应就是Ⅰ型超新星的来源（产生Ⅰ型超新星的恒星里面的氢已经基本上耗尽了）。

2.一个大质量恒星（质量是太阳的5~10倍）在其最后阶段，外层物质向核心坍塌，这种坍塌也会触发恒星的大爆炸。这种触发机制就是Ⅱ型超新星的来源（产生Ⅱ型超新星的恒星里面还有大量的氢）。

Ⅰ型超新星爆发的临界点非常精确，爆发时的恒星喷射出来的能量都是恒定的，其绝对亮度也是一个常数值。天文学家可以根据观测到的实际亮度，推算出这颗超新星所在的银河到地球的实际距离，所以可以被用作宇宙中的“标准烛光”。超新星还肩负着向星际间发送

从恒星到中子星（脉冲星）

当一颗恒星的质量超过一定的限度，也就是说其质量大于钱德拉塞卡极限（1.44倍太阳质量）时，恒星就会剧烈地收缩。其密度之大，可以使其组成物质中的绕原子核旋转的电子（带负电荷）并入原子核里的质子（带正电荷）中，从而转化成中子。中子星的直径大约只有几千米，但密度可以达到原子核的密度（每立方厘米的物质便可重达十亿吨）。

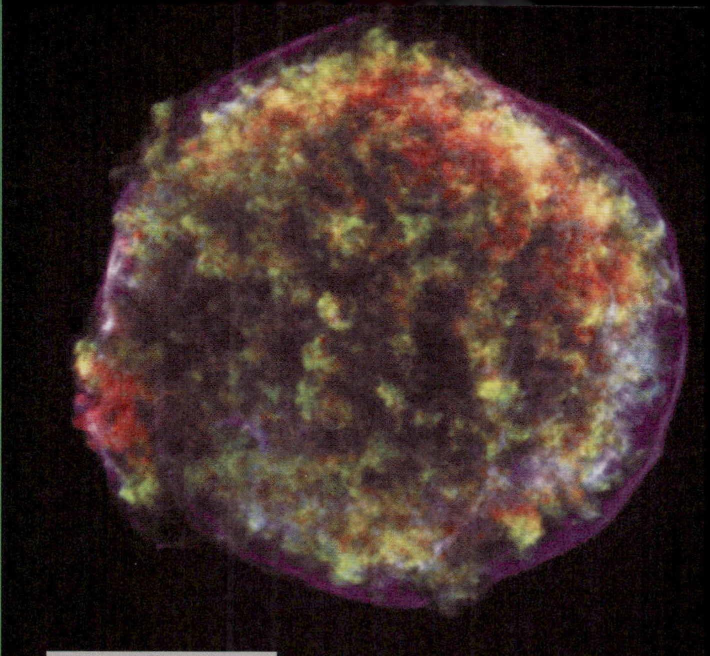
超新星第谷的遗迹

新化学元素的任务。甚至我们的太阳系也一样。太阳系里的化学元素很可能就来自于在太阳系形成之前，它附近的一颗超新星爆发。

II型超新星爆发时，其核心向内剧烈地收缩，核心密度可以达到1000万吨/厘米^3，结果就是太阳那么大的质量集中在一个几千米半径的内核里，这时候恒星就成了一颗“中子星”，也有人称之为“巨型原子核”。中子星会发送出周期性的电磁波信号，其周期从几毫秒到几十秒不等，也被称之为“脉冲星”。1967年，英国天文学家乔丝琳·贝尔·伯奈尔和安东尼·休伊什第一次发现了脉冲星。

历史上的超新星

每个银河系每30至50年会发生一次超新星爆发。因为超新星爆发时非常明亮，所以人们常常带着好奇心来观测。在观测时，我们可以了解超新星爆发的时间和位置。

1006年：位于豺狼座的SN1006爆发，这是有史以来人们记录到的视亮度最高的超新星。

1054年：中国宋朝的天文学家在《续资治通鉴长编》《宋史·天文志》等文献中详细记录了这一次超新星爆发，这次爆发产生了蟹状星云。

1572年：仙后座的超新星（第谷超新星）爆发，丹麦天文学家第谷把自己观测到的行星运动的详细情况精确地记录了下来，并在此基础上出版了《*De Nove Stella*》一书，这是超新星的拉丁名*Nove*的来源。

1604年：蛇夫座的超新星（开普勒超新星）爆发，德国天文学家开普勒有详细观测的记录。

1987年2月24日：位于大麦哲伦星云的超新星SN1987A爆发，加拿大天文学家伊恩·谢尔顿在几个小时内就观测到了这次爆发。

双星系统

立于摩蝎座的双星系统

宇宙中很多恒星是属于双星系统的一部分。双星系统是指两颗恒星各自在椭圆轨道上环绕着共同质量中心运转的恒星系统。双星系统的形状取决于两颗恒星的最近距离和它们各自的质量（引力）。

有多种原因可以形成双星系统：一颗恒星被另外一颗捕获；一颗恒星分裂为两颗；星云分裂，而后在比较接近的区域同时产生两颗恒星。

当两颗恒星相距很近的时候，一颗恒星的引力有可能会吸收另外一颗的物质。当吸收的物质足够多时，会引发剧烈的失控热核反应，爆炸成为一颗I型超新星。当吸收的物质没有那么多的时候，也有可能发生规模较小的爆炸，这时就会产生一颗新星。新星的亮度和超新星无法相比，但发生的频率要高多了（在我们的银河系，每年会发生大约40次新星爆发）。

新星和超新星其实是起源于两种不同的情况：当恒星吸收的物质较少，而且呈周期性时，吸收到的物质累积到一定程度，在恒星的表层发生爆炸，就是新星；而当恒星吸收到大量的物质，就可能触发失控的核聚变，一次性地将所有的能量爆发出来，形成超新星。

你能回答吗?

1. 太阳是一个双星系统吗?

2. 超新星和新星比较起来，仅仅是更亮吗?

知识点

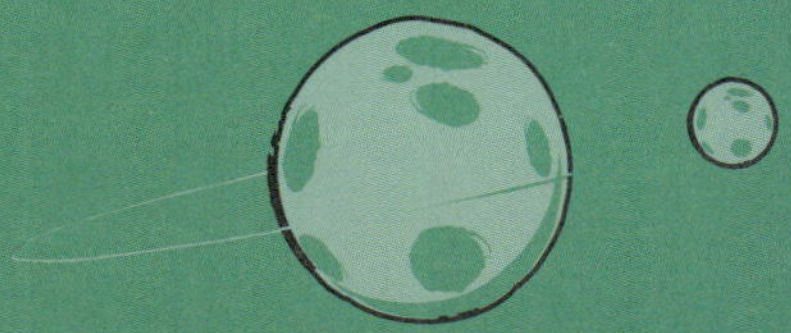

如何辨认出一个双星系统

两颗在观察者眼里非常靠近的星星有可能相距非常遥远，只是从地球的视角看上去显得非常接近。那么该如何判断两颗恒星是真正靠近的双星，还是只是看起来接近而已？一般有两个方法：

1.根据多普勒效应，当恒星向接近地球的方向运动时，其谱线便移向紫端，当恒星向远离地球的方向运动时，谱线便移向红端。随着两子星的绕转，恒星光谱的谱线便发生有规律的移动，根据这些光谱谱线的移动，我们可以推断出两颗恒星是否是真正靠近的双星。

2.因为双星系统里的恒星会围绕着自己的伴星旋转，有的时候，一颗恒星会遮住其伴星发出的一部分光芒，这种双星系统也被称为光度计双星。

《星球大战》里的塔图因星球真的可能存在吗?

在《星球大战》第四集中有一幕壮丽的场景：天行者卢克行走在山丘上，在尘幕中眺望双星日落，这里就是天行者家族的故乡，围绕双星旋转的沙漠行星塔图因。在电影上映的时代，人们曾经认为这种情况是不可思议的，但是美国航空航天局的史匹哲太空望远镜最近发现，围绕双星系统旋转的行星其实相当普遍，甚至比围绕单一恒星（如太阳）旋转的行星更常见。事实上，在宇宙中双星或者多星系统甚至比单一恒星系统更普遍。因此，艺术家设想的双星日落的壮观景象，在宇宙中可能不是什么罕见的情景。

七姐妹星团

星团

一组基本上在同一时间诞生的恒星，被称为星团。可以通过恒星的相对位置和质量分辨出星团。星团可以分为三类：

1.第一类被称为“星协”，是由一些具有共同起源的、具有很高光度的年轻恒星组成的很稀疏的星团。与其他两类星团（疏散星团和球状星团）不同，恒星间的引力很弱，它们不是靠引力维系在一起的。星协通常由年轻的、非常热的蓝巨星恒星组成。这类星团主要位于银河的平面上。

2.第二类被称为“疏散星团”，通常也位于银河平面上，并且它们几乎都是在螺旋臂中被发现的。疏散星团一般由100~1000颗具有相同起源的恒星组成，疏散星团的大小约5~50光年。毕宿星团和昴宿星团都是典型的疏散星团。

3.第三类是“球状星团”，球状星团可以算是宇宙中最美的天体之一。球状星团里的恒星非常密集，在二十至几百光年直径的空间里，它们是由数万颗至数百万颗恒星聚集在一起形成的。组成球状星团的通常是红色的老年恒星。在银河系被称为“银冕”的部分，大约散布着两百多个球状星团，其轨道环绕着银河中心。在1918年，天文学家哈洛·夏普利就基于球

星团的年龄

观察一个星团的颜色能看出来它的年龄：比较年轻的星团是蓝色的，比较老的星团主要是红的。

M80 球状星团

状星团的分布状态，估算出太阳距离银河中心的距离约为3万光年。球状星团里的恒星是我们能观察到的最老的天体，它们诞生的时代约为120亿年~130亿年前，只比诞生宇宙的大爆炸晚10亿年而已。

组成球状星团的通常是红色的老年恒星。在银河系被称为“银冕”的部分，大约散布着两百多个球状星团，其轨道环绕着银河中心。在1918年，天文学家哈洛·夏普利就根据球状星团的分布状态，估计出太阳距离银河中心的距离约为3万光年。球状星团里的恒星是我们能观察到的最老的天体，它们诞生的时间约为120亿年~130亿年前，只比诞生宇宙的大爆炸晚10亿年而已。

你能回答吗?

1. 毕宿星团和昴宿星团是什么性质的星团?

2. 为什么同一个星团里的恒星有可能性质不一样?

3. 球状星团产生于什么时代，一般位于银河系的什么位置?

哑铃星云

星际物质，就是存在于星系和恒星之间的所有物质和辐射场的总称。

星际物质

在我们的银河系中，星际物质主要是由在恒星之间流动的气体和尘埃组成的。其质量大约占银河系总质量的5%，密度低至每立方厘米只有一个粒子。事实上，星际之间的区域分布是非常不均匀的。在星际间存在一些云状的寒冷气体（其气体粒子运动的速度非常慢，温度低至–243 摄氏度 到–173 摄氏度，密度也非常低，每立方厘米只有几百个粒子到几千个粒子不等）。这种云有可能发展为非常稀薄的、但温度非常高的气体，在这种星云的内部可能产生新一代的恒星。

星际间的气体并不是仅仅由原子构成的（星际间星云的红色来源于最常见的氢原子）。在一些密度比较高的星云（分子云）里，我们可以找到分子，其中大部分是比较简单的分子，如H_2、CO、CO_2、H_2O、HCN等。但也可能有少量复杂的分子，如多碳的有机分子或者芳香类分子。

星际物质也包括星际尘埃，约占总星际物质质量的0.1%。尘埃由很多固体的微粒组成，大小约为0.4~0.7微米。这些小颗粒的成分包括有冰粒、石墨、硅酸盐等等。猎户座内的马头星云就是著名的尘埃星云。

星际物质的观测

组成星际空间的物质常常温度非常低，所以毫米波段和红外波段的射电望远镜成了最好的观测工具。宇宙中的氢原子会向外辐射21厘米谱线，因此成为众多射电望远镜研究的共同目标。多个空间计划也以此为目标。1995年欧洲空间局发射的ISO(红外太空天文台)和2009年5月欧洲空间局发射的赫歇尔空间天文台，目的都是为了观测星际物质。计划中的韦伯太空望远镜是著名的哈勃太空望远镜的继任者，也将通过红外波段对宇宙进行精密地观测，以帮助科学家进一步了解星际物质。

你能回答吗？

1. 星际物质主要由什么组成？
2. 天文学家如何观测星际物质？
3. 星云的主要颜色是什么，为什么？

北极光

你能回答吗？

1. 宇宙射线总是走直线的吗，为什么？

2. 为什么乘飞机的时候，我们更能观测到宇宙射线？

3. 宇宙射线是从哪里来的，从太阳、从其他恒星、还是从爆炸的恒星里产生？

宇宙射线

地球就好像一个空间探测器，不停地被太空中的各种粒子（电子、质子、原子核等）撞击。这些来自太空的粒子，我们称之为“宇宙射线”。

宇宙射线有两个来源。第一种，其强度随着太阳的活动周期而变化，我们称之为太阳宇宙射线。第二种，其强度一直不变，是银河宇宙射线。当比较罕见的高能量宇宙射线轰击地球的外大气层时，会产生二次粒子簇射。簇射的大小由宇宙射线的强弱决定。事实上是空气簇射所产生的次级粒子直接撞击地球（其成分主要是“M子”，M子的性质与电子相似，但是质量要大得多，非常不稳定），这就是南极和北极上空的极光的来源。为什么极光主要发生在南北极呢？因为地球拥有一个巨大的磁场，而南北极就是这个磁场的磁极，宇宙射线的高能粒子受到地球磁场的影响而偏向地磁极，因而产生了美丽的极光。科学家们在阿根廷和科罗拉多都设置了观测宇宙射线的观测站。其中，以发现二次粒子簇射的法国物理学家奥杰的名字命名的奥杰观测站设在南美阿根廷西部，在三千多平方千米的面积上，每1500米就设一个探测器，共设有1600个探测器，用于探测宇宙射线。

维克托·赫斯

1912年奥地利物理学家维克托·赫斯证明了宇宙射线的存在。赫斯将可以测试电离辐射的仪器——电离室吊在气球下带到高空，用实验证明高空中的辐射强度大于地球表面的辐射强度，从而证明了宇宙射线的存在。

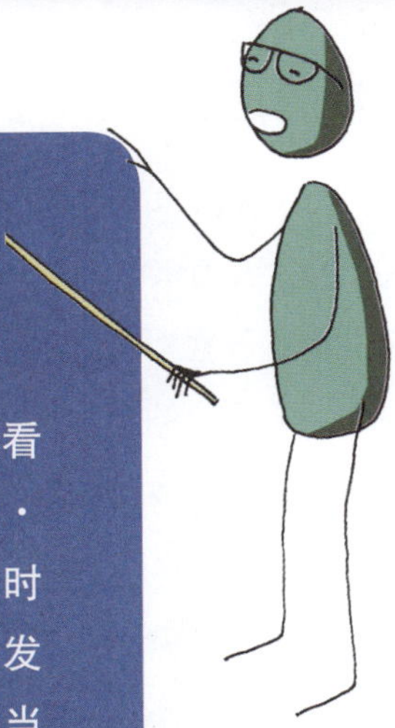

观测μ子

μ子是一种非常不稳定的粒子，其寿命只有2.2微秒。M子看起来像电子，但质量是电子的200倍。1936年，美国科学家卡尔·安德森发现正电子（和电子性质一样的粒子，只是带正电荷）的时候，也一起发现了μ子。当宇宙射线轰击地球的外层大气时，会发生粒子簇射，产生正电子和μ子。根据爱因斯坦的狭义相对论，当正电子和μ子的速度都接近光速时，时间会变慢，距离会变短，μ子的寿命因而延长了。

我们的银河系

银河系是太阳系所处的星系。包含有1500亿颗恒星和各种星际气体及星际尘埃。在没有月亮的夜晚，我们就可以清楚地观测到这条乳白色的、横跨星空的银河。

银河系基本上是一个盘状结构，其主要盘面的直径约为80000光年。银河系里80%左右的恒星处于盘状结构之内。银河系的中心呈球状，其直径约为7000至15000光年。1918年，天文学家哈洛·夏普利通过观测银河系的球状星团的分布，推测出银河中心是在距离太阳约为25000光年的人马座方向。

银河中心和银河盘面被稀疏的恒星和星际物质组成的球状体——银晕包围着，银晕的直径约为100000光年，约占银河系总质量的20%。银晕区域的恒星所含有的复杂的重元素很少，比银河盘面里恒星要少得多。一般认为，最简单、最轻的元素产生得最早，复杂的重元素产生得晚，所以，银晕部分的恒星应该是年龄更老的恒星。另外，银晕的很大一部分是由不可见物质构成的。

在银河的盘面部分，恒星和星际气体也不是均匀分布的。1950年，通过对距离太阳系较近的蓝巨星的观测和对星际氢原子谱线的分析，科学家发现银河系其实是由几条旋臂构成的。太阳系处于银河的猎户座旋臂上。除此之外，银河系还有英仙座旋臂、天鹅座旋臂、南十字座旋臂和人马座-船底座旋臂。

和其他星系相似，银河系的核心可能是一

从上方观测到银河系

希腊神话里的银河

因为银河在夜空中非常明显，又非常独特，人们很难忽略它的存在，所以很多神话故事都来源于银河。在希腊神话中，赫拉克勒斯是主神宙斯和人类公主的儿子，因此不能长生不死。而天后赫拉的乳汁十分神奇，喝过后可以令人长生不死。宙斯很想让赫拉克勒斯吸食到赫拉的乳汁，但是赫拉很讨厌赫拉克勒斯，宙斯只好趁赫拉熟睡的时候把赫拉克勒斯放在她的身边吸食乳汁，可是孩子吮吸太猛，惊醒了赫拉。赫拉发现吃奶的不是自己的孩子后，就用力将其推开，乳汁随之喷洒出来，形成了银河。西方语言里“银河（*Galaxie*）”这个词就来源于希腊语里的“奶（*Galactos*）”。

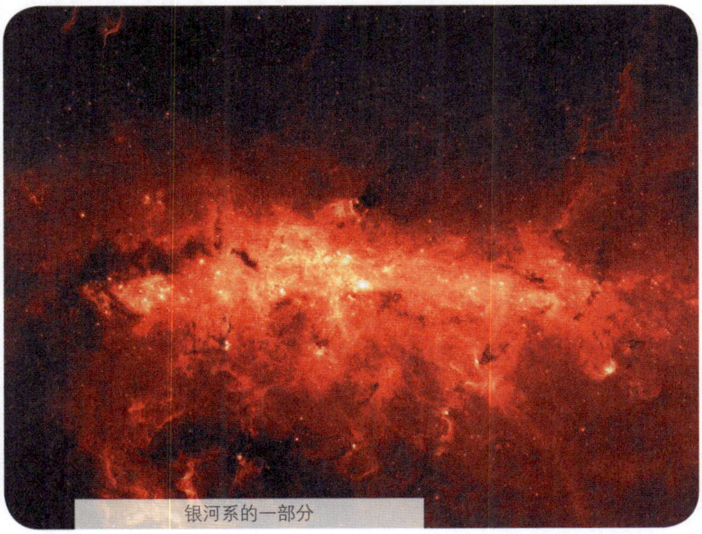
银河系的一部分

你能回答吗？

1. 天文学家是如何发现银河的悬臂的？
2. 为什么天文望远镜拍摄的银河照片是红色的？

个巨大的黑洞，其质量估计是太阳质量的400万倍。

在太阳系中，星际气体的质量约占恒星质量的10%，但在银河的中心区域，星际气体的质量占比只有1%。太阳系绕着银河系中心公转一周的时间是2.2亿年。

仙女座星系与大麦哲伦星云

仙女座星系被认为是银河系的孪生星系。如果仙女座星系的居民也研究天文，当他们观察银河系的时候，一定就像我们观察仙女座星系一样。仙女座星系离我们200万光年，和银河系一起都是属于“本星系群”。而“本星系群”又属于“室女座超星系团”，是“室女座超星系团”的一个子集。

仙女座星系看上去像一个发光的大盘子，其中心部分会发出明亮的白黄色光。仙女座星系的旋臂向外延伸得不多，呈现蓝色，大部分是由年轻的大质量恒星组成的。

仙女座星系的直径只比银河系稍大一点（仙女座星系为11万光年，银河系为8万光年），但其质量比银河系要大不少（仙女座星系约为2000亿~4000亿倍个太阳的质量，银河系为1500亿倍个太阳的质量）。仙女座星系核心的黑洞至少比银河系核心的黑洞大10倍。

宇宙中大部分的星系都正在远离我们银河系，但仙女座星系正以每秒50~100千米的速度接近我们的银河系。40亿年以后，就会撞上我们的银河系，之后要再过10亿年，太阳才会变成一颗红巨星。

大麦哲伦星云是一个形状不规则的矮星系，环绕着我们的银河系运转，离我们约有179000光年的距离。在地球的南半球，肉眼就可以看见大麦哲伦星云。大麦哲伦星云拥有一个盘状的中央棒。星系的质量大约为60亿~200亿倍个太阳质量（略多于银河系质量的10%）。大麦哲伦星云的实际跨度约为15000光年。和很多不规则星系一样，大麦哲伦星系里存在大量的大质量恒星，并且正在经历着明显的恒星形成活动。

大麦哲伦星云的南边，有一个很活跃的大型星云——蜘蛛星云（也称剑鱼座30，或者NGC2070）。蜘蛛星云处于整个本星系群所有星系里电离氢含量最丰富的区域，包括了大量的大质量恒星。在2010年7月21日，科学家发现了目前为止最大的恒星，一颗蓝超巨星RMC136A1，其质量是太阳的300倍。

从南半球看到的天空，在左边的是麦哲伦星云

我们在蜘蛛星云里，还观测到了1987A超新星的爆发。事实上，在蜘蛛星云里，科学家发现了40多个超新星爆发的遗迹。在大麦哲伦星云和小麦哲伦星云之间，有一个由气体和一些恒星组成的区域，将二者连接起来，我们称之为“麦哲伦桥”。

一点历史

1492年，哥伦布发现了美洲大陆，开启了一个地理大发现的时代。

斐迪南·麦哲伦发起了历史上第一次环球探险航行。这次环球航行由西班牙国王支持。此次环球航行不仅仅是为了寻找新的土地，更是为了绘制精确的世界地图，为当时的两大强国——葡萄牙和西班牙，提供瓜分世界的依据。1519年，麦哲伦的环球航行探险船队从西班牙的塞维利亚港出发，1522年回到西班牙。但麦哲伦没有回来，他在航行途中的一次和菲律宾当地部落的冲突中死去。

在环球旅行中，麦哲伦和他的船员们看到了只有在地球南半球才可以观察到的大麦哲伦星云和小麦哲伦星云。他们是第一批看到这两个星云的西方人，因此这两个星云也被命名为大麦哲伦星云和小麦哲伦星云。

你能回答吗？

1. 为什么天文学家对仙女座星系感兴趣？
2. 仙女座星系和我们的银河系哪个更大？
3. 仙女座星系距离我们的银河系有多远？
4. 仙女座星系中心的黑洞和我们银河系中心的黑洞比较起来，哪个更大？
5. 大麦哲伦星云的名字是怎么来的？
6. 天文学家在哪里发现了最大的恒星？
7. 1987年2月24日，在哪里发生了超新星爆炸？

一触须星系：由两个正在合并的星系组成

星系分类、组成、相互作用和星团

1930年，美国天文学家哈勃根据不同星系的形态把星系做了分类。法国天文学家热拉尔·亨利·德·佛科留斯扩充了哈勃的分类，称为“哈勃–佛科留斯序列”。该序列将星系分为椭圆星系、透镜星系、螺旋星系和不规则星系四个类别。

椭圆星系根据其扁平度的不同分为8个级别，E0级别是接近正圆的球型，而E7则是非常扁平的椭球型。椭圆星系看起来有一点像球状星团，当然它的规模要大得多。椭圆星系几乎不含有星际物质，因而也几乎不产生新的恒星。很多椭圆星系是巨型星系，由超过1万亿颗恒星组成，这些恒星主要集中分布在星系团的核心。

透镜星系在外部结构上接近螺旋星系，都有盘状结构的星系盘和球状的星系中心。但透镜星系没有旋臂，也没有星际物质。透镜星系的球状中心所占的比例也比螺旋星系更大。

银河系、仙女座星系都是螺旋星系。螺旋星系通常由大量的星际气体、尘埃和恒星所组成，是拥有旋臂结构的星系盘。在星系盘里面是一个球状结构的中心，其核心通常有一个质量超大的黑洞（银河系的核心黑洞比较特别，质量相对来说超乎寻常得小）。

不规则星系，正如其名字所示，没有一个规则的形状。不规则星系的质量一般较小，所含有的星际物质的比例相对较高。大小麦哲伦星云一般被认为是比较典型的不规则星系。

在我们今天可以观测到的星系里，61%是螺旋星系；21%是透镜星系；13%是椭圆星系；5%是不规则星系。

就像恒星聚集在一起可以组成“星团”一样，星系也可以组成“星系团”。我们银河系附近的三十多个星系，共同组成了一个“本星系群”。银河系、仙女座星系和大小麦哲伦星云都是本星系群里的成员。本星系群又属于范围更大的“室女座超星系团”。这个室女座超星系团的质量达到100万亿~1000万亿个太阳质量，其直径约为6万~30万光年。在星系之间，存在非常非常稀薄的星际气体（每立方分米一个粒子），这些气体的温度非常高（上百万度），它们不停地向外辐射出X射线。虽然星系间的星际气体无比稀薄，但其总质量还是占了星系团总质量的相当比例。

对这些星系的观测显示，星系质量的分布是非常不平均的，有一些区域相对“密集”，而另外一些区域则几乎完全是空的。

恒星之间的距离相对于恒星本身的大小来说是非常远的（离太阳最近的恒星半人马星和太阳的距离是4光年，这个距离是太阳直径的3亿倍），但星系之间的距离相对于星系来说则相对比较近，我们银河系和仙女座星系之间的距离约为银河系直径的20倍。因此，星系之间可能经常发生碰撞，科学家已观测到多个星系之间的相互作用。当两个星系相遇，恒星本身不会受什么影响，但星际气体和尘埃却可能受到激烈的扰动。

你能回答吗？

1. 螺旋星系的核心一般是一个黑洞吗？

2. 星间气体的温度一般是多少？

3. 星系质量的分布是均匀的吗？

黑洞的艺术想象图

类星体和黑洞

20世纪60年代，科学家在宇宙里发现了一些强烈的无线电波射线源，其辐射强度远远超过整个银河系辐射能量之和。这种天体的外形看起来比较像一颗恒星，因而被称为“类似恒星的天体”，简称“类星体”。今天科学家已经知道类星体其实是在极其遥远距离外的星系中心的超级黑洞，在黑洞的强大引力作用下，附近的尘埃、气体以及一部分恒星物质围绕在黑洞周围，形成了一个巨大的高速旋转的吸积盘。在吸积盘内侧靠近黑洞视界的一部分物质被引力拉入黑洞里；另一些物质则伴随着巨大的能量和X射线辐射，沿着与吸积盘平面相垂直的方向高速喷出，形成了物质喷流。

今天科学家研究发现了超过10万个类星体。这些类星体都离我们非常遥远，其中最近的也距离我们有78000万光年，也就是说，比仙女座星系和我们的距离还要远400倍。类星体距离我们如此遥远，但亮度看上去又与银河系里普通的恒星差别不大。这是因为类星体非常明亮，其中最明亮的

黑洞?

“黑洞”这个词其实并不准确，它既不是黑色的，也不是一个洞。爱因斯坦的广义相对论推断出了黑洞的存在。根据广义相对论，引力可以造成时空扭曲（当光线靠近一个大质量物体时，会被大质量物体的引力场弯曲，不再以直线传播）。黑洞的质量是如此之大，它产生的引力场是如此之强，以至于任何物质和辐射都无法逃逸，就连传播速度最快的光也逃逸不出来。

类星体

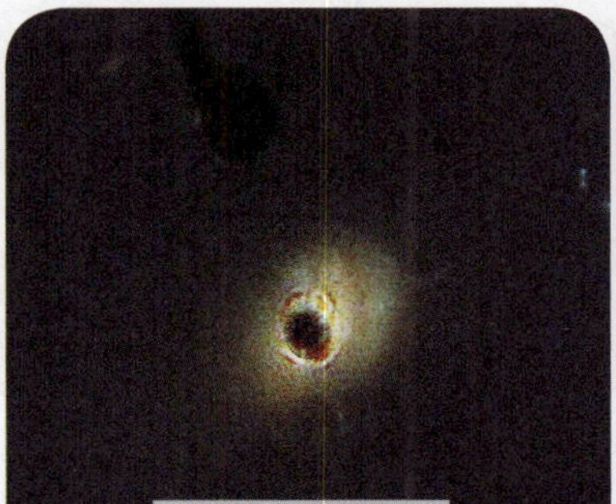

类星体 3C273
（哈勃望远镜照片）

类星体 3C273
（哈勃望远镜照片）

你能回答吗？

1. 什么是类星体？

2. 天文学家发现的最亮的类星体叫什么名字，在哪个星座？

3. 已经发现的类星体有多少颗？

4. 距离我们最近的类星体离我们多远？

5. 黑洞周围的物质会直接掉进黑洞吗？

6. 一个质量是太阳100倍的恒星，其史瓦西黑洞半径是多少？

一颗——3C273，仅仅用一个业余天文望远镜就可以在室女座方向观测到它。科学家估计其亮度达到1万亿个太阳的亮度。

事实上，因为类星体离我们的距离过于遥远，所以我们只能观测到其明亮的核心部分。类星体其实可能是星系演化早期普遍经历的一个阶段，随着类星体黑洞把其周边的物质吸收殆尽，类星体将会演化成普通的螺旋星系和椭圆星系状态。在类星体光谱中，科学家发现了重元素谱线，因此可以推测这些类星体形成了非常早期的宇宙。

黑洞可能是宇宙中最自相矛盾的天体，其密度如此之大，连光线也无法逃脱。但同时，黑洞强大的引力带动周边的物质高速旋转，形成一个发射出强烈X射线的吸积盘，正如科学家在天鹅座观察到的那样。

对于任何大质量物体，都存在着一个临界半径特征值，也称为“史瓦西黑洞半径”。当特定质量的物质被压缩到史瓦西黑洞半径值之内，该物质自身的引力将把自己压缩成一个黑洞。比如说，如果把太阳压缩成3千米半径大小的一个球，太阳就会变成一个黑洞。我们银河系中心存在的那个黑洞，质量是四百万个太阳，根据史瓦西黑洞半径公式可以算出，它的半径应该是1200万千米，也就是8倍的太阳直径。

引力弧

引力弧与引力波

根据广义相对论，当光源发出的光在引力场（比如星系、星系团及黑洞）附近经过时，光线会发生弯曲，就像光通过透镜一样。所以科学家也把这种大质量物体能够弯曲光线的特性称为“引力透镜”。

1919年，亚瑟·爱丁顿爵士完成了一个广义相对论的验证实验。实验观测到恒星发射的光线在经过太阳表面时发生了弯折。

这种光线被放大或弯曲的透镜效应来源于大质量物体的引力，因此当光线通过大质量物体的周围时会出现许多“弧线”。1980年以后，天文学家开始观测到引力弧的现象。这种现象常常来源于宇宙中大质量的暗物质的存在。这种暗物质，既非原子，也非核子，根据目前的计算，其总量可能是我们目前已经发现的宇宙物质的十倍。

光具有“波粒二象性”。也就是说，光既是一种高频的电磁波，又是一种由光子的基本粒子组成的粒子流。同样的道理，一个非常强大的引力现象（超新星的爆发、高质量物体的吸积现象等）都会发射出引力波。

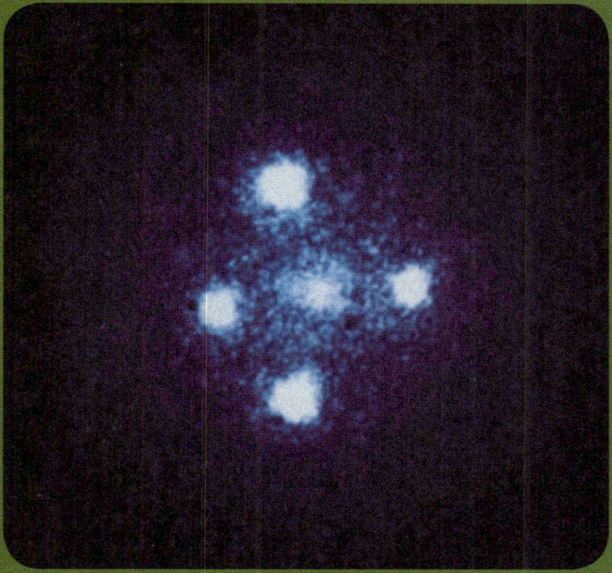

爱因斯坦十字

这是引力透镜效应最著名的例证之一：较远处一个类星体，其光线在射往地球的途中被大质量天体引力影响，发生了衍射，所以呈现出四重影像。

你能回答吗？

1. 什么是引力透镜？
2. 通过引力弧，天文学家可以观察宇宙中的什么物质？
3. 想观测到引力波，探测精度必须达到什么级别？
4. 激光干涉空间天线（LISA）计划的目的是什么？

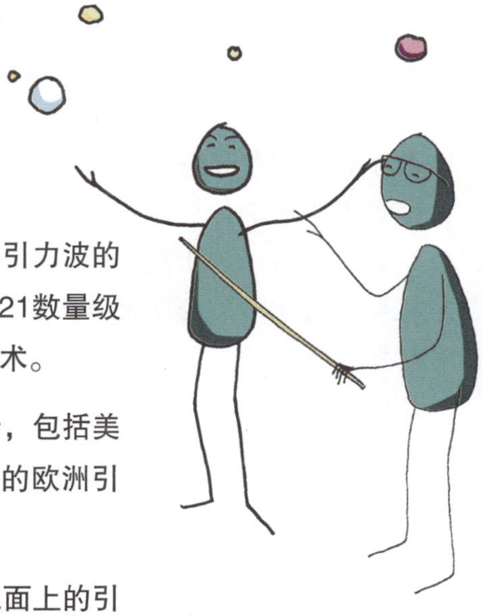

引力波的强度和电磁波比起来要小得多，因此要探测出引力波的存在是非常困难的。探测仪必须至少能够探测出物质在10~21数量级的位移。要达到这样的测试精度，需要奇迹般精确的实验技术。

多个用于观测引力波现象的引力波探测器已经投入运行，包括美国的激光干涉引力波天文台（LIGO）和法国与意大利合作的欧洲引力波天文台（VIRGO）。

引力波的信号本身就极其微弱，难以测量。并且设在地面上的引力波探测器很大程度上受到地球上震动噪声的影响，以至于很难达到所需要的探测灵敏度。因此欧洲空间局和美国国家航空航天局合作设立了激光干涉空间天线（LISA）计划。该计划预计将在2020年后的十年里发射3颗卫星，在天空中构成为一个边长为5000千米的等边三角形。三颗卫星将在太空中利用激光干涉的方法精确测量信号相位，彻底消除地面震动噪声的干扰，从而对太空中的引力波进行探测。这些引力波或者来源于黑洞捕获大质量恒星，或者来源于两颗巨型黑洞的合并。科学家希望能探测到来自宇宙中的引力波。

自大爆炸以来，我们的宇宙就一直在膨胀。宇宙中离我们越远的天体，离开我们的速度就越快。

宇宙膨胀、暗能量与暗物质

1929年，天文学家哈勃和赫马森发现所有银河以外的星系都在离我们远去，它们远去的速度和他们离地球的距离成正比（离我们越远的星系，离开我们的速度就越快），也就是说宇宙在膨胀中。设想一下，如果我们能像看电影倒带一样倒放我们宇宙的历史，过去的宇宙一定比现在的小。因此我们可以推测过去宇宙的密度更大，现在随着宇宙的膨胀而逐渐稀释。科学家是如何做出这个发现的呢？

1.在1912年，斯莱弗观测到河外星系的吸收光谱会向光谱的红色端移动，根据多普勒–斐佐效应，这说明这些星系正在远离我们，而且远离的速度和离我们的距离成正比关系。

2.1910年，美国天文学家李维特发现一种测量周期性的造父变星的绝对亮度（即一颗星真正发射出的亮度）的方法。我们眼睛所看到的恒星的亮度，和距离的平方成反比，因此天文学家可以由恒星的视觉亮度计算出此星离我们的距离。1999年，哈勃太空望远镜发现了一颗I型超新星的爆发（I型超新星爆发的绝对亮度是一个常数值）。天文学家可以根据观测到的实际亮度，推算出这颗超新星所在的星系到地球的实际距离。观测显示，这个星系正在加速远离我们。根据爱因斯坦的相对论推断，宇宙需要一个支持其加速膨胀的能量，科学家称之为“暗能量”。

大爆炸理论里，“大爆炸”这一词是在1950年由反对大爆炸理论的天文学家弗雷德·霍伊尔发明的。他发明这个词是为了嘲笑大爆炸理论。“大爆炸”这一词虽然不精确，但描绘了宇宙诞生的场景，所以得到广泛的运用。1920年，比利时宇宙学家乔治·勒梅特第一次提出了宇宙正不断膨胀、不断冷却的观点。20年后的1940年，俄罗斯裔美国天文学家乔治·伽莫夫预言了在宇宙中应该充满了“大爆炸”遗留下来的宇宙微波背景辐射，该辐射来自于大爆炸后的30万年~50万年，正逐渐稀释和冷却。“大爆炸”时的宇宙温度约为10000开尔文，后从离子态转为原子态。到了1965年，在贝尔实验室工作的美国天文学家阿诺·彭齐亚斯和罗伯特·威尔

多普勒-斐佐效应

生活中有一个有趣的现象：当一辆救护车向我们迎面驶来的时候，我们听到声音音调越来越高；而救护车离去的时候音调越来越低沉。这就是“多普勒-斐佐效应”。19世纪，科学家发现当一个物体向我们移动时，其发出的波的频率变高，波长变短；而当一个物体离开我们时，其发出的波的频率变低，波长变长。物体的速度越高，所产生的效应越大。高速公路上的超速测速仪，就是用这个原理设计的。

逊发现宇宙微波背景辐射，从而证实了大爆炸理论。

1992年，科学家通过美国宇宙背景探测者（COBE）发现了宇宙微波背景辐射的微小变动（各向异性）。之后，美国威尔金森微波各向异性探测器的探测结果继续支持了大爆炸理论。2012年，欧洲的普朗克巡天者卫星发布了更精确的数据，这些数据再一次被用于验证大爆炸理论的真实性。

今天，我们已经知道了一些宇宙膨胀的数据。其中包括大爆炸所遗留下来的2.7开尔文宇宙微波背景辐射，也包括在大爆炸后1~100秒里产生的轻元素（氢的同位素氘、氦-4、氦-3和锂-7）在宇宙中所占的比例。通过这些数据，推算出以下结论：

1.宇宙是一直膨胀扩张着的；

2.宇宙的年龄是137亿年（多么精确）；

3.宇宙中暗能量约占宇宙物质总量的70%左右，暗物质约占27%，正常物质（原子、核子）只占3%。在未来，科学家可能会了解到暗物质的特性；也可能有另外一种情况，科学理论得到突破，我们发现“暗”物质其实并不是真正的“暗（不能观测的）”。

你能回答吗？

1. 谁发现了宇宙膨胀？
2. 雷达测速和发现宇宙膨胀是相同的原理吗？
3. 如何观测出宇宙正在膨胀？
4. 宇宙有多长的历史？
5. 宇宙中暗物质的总量是正常物质的多少倍？

Areci 射电望远镜

关于外星生命的三个问题

1.第一个问题：地球上的生命是如何产生的?回答这个问题的困难之处在于：在地球历史的早期，地球动荡不安，已经抹去了早期生命起源的大部分的痕迹。

2.在地球之外能找到原生生命的痕迹吗？为了回答这个问题，彗星探测器罗塞塔号对彗星进行了研究；科学家将研究在火星上取得的样本；另外也将对木星的两颗卫星欧罗巴和佳利美德进行探测。这个问题将有可能得到答案。

3.关于“我们在宇宙中是孤独的吗？”这个问题，我的观点是：尽管在宇宙中有着不计其数的可观察恒星和系外行星，目前，想找到另外一种外星生命很大程度上还是得依靠运气。

寻找太阳系外行星：外星生命存在吗?

1995年，日内瓦天文台的米歇尔·麦耶及戴狄尔·魁若兹发现了第一颗太阳系外行星。这是一颗环绕恒星（飞马座51）运转的行星，离地球约40光年。之后，超过500颗的太阳系外行星被发现，但大部分都是木星类的巨型行星，只有少数是大小接近地球的太阳系外行星（其中最小的行星质量是地球的1.5倍）。而且大部分的太阳系外行星的轨道都太接近它们的恒星，而太阳系行星的轨道则离太阳相对遥远。大部分星系都只有一颗行星，2008年发现了一个有3颗行星的星系，2010年又发现了一个有5颗行星的星系。

几种不同的方法都被用于搜寻太阳系外行星，例如：

·当一颗系外行星从其恒星的前方经过，会挡住恒星

搜寻地外文明计划（SETI）

“搜寻地外文明计划（SETI）”已经有几十年的历史。一些美国和法国的天文学家利用设在波多黎各和法国南赛的大型射电望远镜接收从宇宙中传来的电磁波。他们持续地监听我们附近的恒星，希望可以发现“智慧”的信号。直到目前为止，搜寻还没有任何结果。

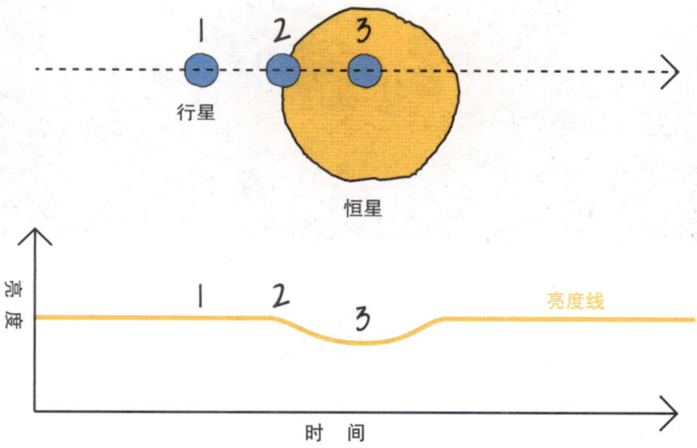

当一颗行星绕恒星旋转，对恒星的光产生遮挡效应

的一点亮度，科学家可以通过观测恒星亮度的周期性变化来寻找系外行星。

·当一颗系外行星绕着恒星公转，这颗恒星本身也会被行星的引力带动，产生极小的速度变化，通过观测恒星的速度变化也可以寻找系外行星。

这些都是通过采用间接的技术方法来寻找太阳系外星系的，在未来，天文学家希望可以更直接地观测和寻找太阳系外行星。

多个直接观测太阳系外行星的空间计划已经启动。美国航空航天局的韦伯太空望远镜将接替著名的哈勃太空望远镜，韦伯太空望远镜在红外波段特别灵敏，可以捕捉太阳系外行星所发出的红外辐射。欧洲空间局的“达尔文计划”将在2020年前发射，它将可以直接观测多个系外行星，科学家希望可以在太阳系外行星上发现原生生命的痕迹。

射电望远镜阵列

人类发明的天文观测仪器

哪怕是最黯淡的星星，天文学家也总试着去观察，所以就需要用到越来越强大的天文望远镜。望远镜的能力和其口径的大小直接相关。目前最大的两个地面基础望远镜是坐落于美国夏威夷莫纳克亚山顶的两台10米口径的凯克望远镜和欧洲南方天文台在智利北部帕瑞纳峰建造的四台8.2米口径的甚大望远镜（VLT）。今天的计算机技术在天文观测中起到了越来越重要的作用，计算机可以纠正光学望远镜产生的偏差；可以自动记录观测数据；科学家们甚至可以在他们自己的办公室远程操作天文望远镜。

星星发出的可见光和电磁波都可以通过地球的大气层。第二次世界大战以后，第一台用于探测电磁波的大型射电望远镜建成了。英国、美国、德国、巴西、印度、澳大利亚、法国等等都建成了自己的射电望远镜。2016年，中国建成了世界上最大的射电望远镜——口径500米的FAST射电望远镜。射电望远镜促成了大量的天文学重要发现：星际物质的组成、类星体的发现、脉冲星的发现……

地球的大气层会屏蔽掉大部分来自宇宙空间的红外线、紫外线、X射线和伽马射线。因此人们将带有探测仪器的卫星发射进入太空，用于观测这些射线。其中包括用于探测伽马射线的COSB探测卫星；用于探测X射线的UHURU探测卫星和钱德拉天

欧洲甚大望远镜

知识点

天文学家也同样追踪来自宇宙的粒子。除了宇宙射线以外，他们也试图捕获一种来自太阳的神秘粒子——中微子。太阳核心时时刻刻发生着从氢变成氦的核融合反应，中微子正是在这种反应中产生的。为了捕获中微子，天文学家将他们的探测器放置于海洋深处或是废弃的矿井深处。多么有意思，为了观测太空，现代天文学家钻到了最深的地底。

文卫星；用于探测紫外线的哥白尼天文卫星和FUSE天文卫星；用于探测红外线的ISO探测卫星、斯皮策太空望远镜和赫歇尔空间天文台。

在可见光的波段，大气层会影响观测的效果。因为大气层的影响，星星会闪烁，因此在地面上进行的观测很难准确地测量天体的直径。在大气层内，观测者还免不了被不良的气象条件所限制。正因为如此，1990年发射了可使科学家获得质量极其优秀的天文照片的哈勃太空望远镜。因为哈勃太空望远镜是在大气层之上的卫星轨道上运行，所以其观测的清晰度是在地面上观测的清晰度的十倍。

为了探测太阳和太阳系内的天体，人类已经尝试过多个太空探索任务。1969—1972年的阿波罗计划让人类第一次走上了月球；太阳和太阳风层探测器（SOHO）对太阳进行了探测；水手10号探测器、信使号探测器和贝皮可伦坡探测器探测了水星；水手号探测器、伽利略探测器和金星快车探测了金星；维京探测器、寻路者和火星快车探测了火星；对木星的空间探测始于先锋10号与先锋11号探测器，之后是取得了巨大成功的旅行者一号和旅行者二号（这两艘飞船先后探测了太阳系的四颗巨型行星）；目前，卡西尼飞船正在对木星及其卫星进行观测；乔托号和维尼拉号对哈雷彗星进行了探测，罗塞塔号更是用菲莱登陆器登上了楚留莫夫－格拉希门克彗星的彗核。

你能回答吗？

1. 为什么天文学家需要越来越大的天文望远镜？

2. 哪两种射线可以通过大气层？

欧洲极大望远镜和欧洲甚大望远镜

太空探索的未来

人类对太空的探索远远没有结束。在不远的将来，一系列激动人心的天文探索正等待着我们：

1.对太阳系的探索。多个太空任务已经推出。贝皮可伦坡探测计划将探测水星；罗塞塔探测彗星；多个火星计划将把火星土壤样本带回地球；分析木星的两颗卫星欧罗巴和佳利美德上的水……到2020年，大型宇宙飞船将会执行多个载人登月项目。

2.在未来，寻找太阳系外行星的工作不仅会继续进行，而且会扩大规模。一场对类地宜居行星的大搜捕已经开始了。

3.从2012年开始，随着欧洲空间局普朗克巡天者卫星的发射，对宇宙背景辐射各向异性的分析拉开了序幕。设在日内瓦的欧洲核子研究组织（CERN）的大型强子对撞机也可能产生一个确定性的成果——那里的科学家正试图创造出一个“迷你版”的宇宙大爆炸。虽然宇宙大爆炸发生在137亿年前，但在今天却是天文物理学家最感兴趣的研究话题。

4.第一台探测宇宙某些强烈收缩区域所释放出的波的仪器正在建设中，预计在

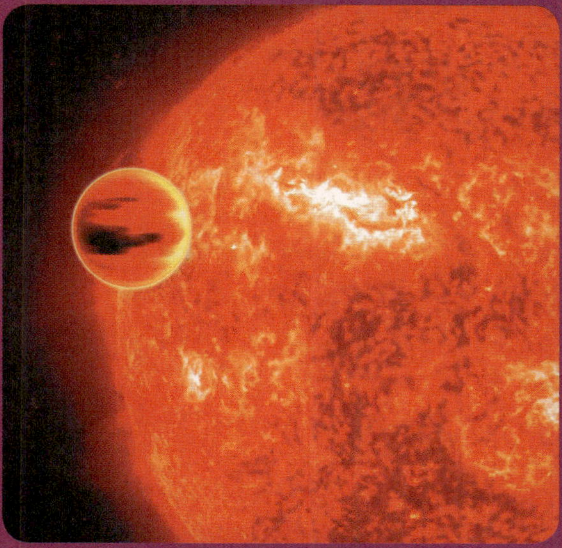

2005年，美国航空航天局的斯皮策太空望远镜发现了一颗巨型气体行星（编号HD189733B）。当这颗行星每次转至其母恒星的前方时，会挡住恒星3%的亮度。

这是科学家第一次在一颗太阳系外行星的大气层里找到水。该行星位于距离地球约63光年的狐狸座。因为这颗行星实在是离我们太远了，目前还没有办法获得它直接的照片，只能用艺术家绘制的想象图来代替（红外线视角下的HD189733B）

2020—2030年将被发射至太空。一个天文学的新兴领域正在形成。

虽然你现在没有这些大型的天文仪器，但是你一样可以用一个小望远镜，甚至仅仅用你自己的肉眼，来观察这个美丽的星空。

在本书即将结束之际，我真诚地期待此书能唤起青少年读者成为天文学家的兴趣，我会对他们说：“好好学习数学和物理吧，这将为你打下基础。”如果你以后改变了主意也没有关系，因为牢固掌握这些基础学科的知识，即使你以后从事其他的职业，也将从中受益。

璀璨的星空永远属于那些喜爱它的人。祝我们的小读者也会拥有那些观测星空的美丽时光。

—哈勃望远镜发现的地外行星的艺术想象图

P5

你能回答吗？

1.用肉眼最容易观察到木星、金星和火星。在特定条件下，我们也可能观测到土星。

2.不是的。在城市里，城市灯光会干扰天文观测，在没有灯光干扰的乡野更适合观测星空。

P7

你能回答吗？

1.地球上最高的山峰是喜马拉雅山的珠穆朗玛峰。

2.大气中的臭氧层可以阻挡太阳光中的紫外线，使得我们免收紫外线的伤害。

3. 地球自转的影响。

P9

你能回答吗？

1. 太阳从东方升起。

2.　在太阳落山的时候，阳光是斜着穿过大气层的，也就是穿过更厚的空气层，所以呈现红色。

3. 是地球绕着太阳运行。

4.太阳自转比地球围绕太阳公转的速度更慢，慢30倍。

5.太阳的质量足够大，大到其核心可以发生热核反应，因此太阳可以在非常长的时间中放出光和热。太阳是一颗恒星。

6. 500秒。

P11

你能回答吗？

1.我们用地球绕太阳一圈的时间作为公历“一年”，那么月亮绕地球一圈的时间是“一个月”。

2.美国宇航员曾经在1969年登上过月球。

3.月球上的重力只有地球上的1/6，所以宇航员虽然穿着厚重的宇航服，却可以轻松地跳起来。

4.月球的质量不够大，产生不了足够的引力，不能将气体分子大量吸附在月球的表面，所以月球上并没有大气层。

P13

你能回答吗？

1. B是日食，A是月食。

2.通过对天体运动的计算，可以预测日食发生的时间。在《丁丁历险记》中，丁丁记住了日食的时间，对印第安人预言了日食的发生，并装成太阳神的使者，从而安全脱身。

3.如果用一架高速飞机来追踪月球飞快掠过的阴影，日全食的时间就可以被延长。天文学家在1973年观测非洲日全食时就这样做了！搭乘第一架协和飞机原型机、以超过两倍音速的速度飞行，他们看到了前所未有的长达74分钟的日全食。

4.太阳的直径远远大于月球，但离我们更远，所以看起来和月球的大小差不多。在地面上观察到的太阳和月球的大小差不多，这只能说是出于巧合。

5.当月球离地球较远时（远地点），月球不能完全遮住太阳，这个时候就会发生日环食。

P15

1.我们在地球上可以观测到金星、火星、木星和土星。

2.金星被称为“牧羊人之星”，因为金星是在夜空中第一个出现，最后一个消失的星星。

3.因为大气层的扰动会影响星星的光芒，所以我们从地面看起来星星会“眨眼睛”。

4.在远离城市灯光污染的乡野更适合观测星空，每个月中，新月的时候（月亮最小的时候）最适合观测星空。

P23

1.仙后座星团主要是由蓝巨星组成的。

2.仙后座“W”形的这5颗星星是完全没有联系的，只是在地面上看起来比较接近。

P31

1.由近到远：水星、金星、（月球）、地球、（月球）、火星、小行星带、谷神星、木星、土星、天王星、海王星、冥王星、奥特星云。

2.金星、地球、火星、木星、土星、天王星、海王星、冥王星有大气层，其他的星星没有大气层。

3.木星、土星、天王星和海王星有自己的行星环系统。

4.水星、金星、月球、小行星带的小行星和奥特星云没有卫星。

5.木星、土星、天王星、海王星、地球、金星、火星、水星、月球、冥王星、谷神星、小行星带、奥特星云

P33

你能回答吗？

1.水星有一个金属性质的内核，而月球的主要组成物质是岩石。

2.水星上的环形山是陨石撞击造成的。

3. 水星上没有四季。

P35

1.行星的大气层中如果富含温室气体，可以让所有的太阳光透过，但把红外线保存下来，形成温室效应。

2. 金星上没有水。

3.因为金星的自转非常慢，比公转的速度更慢。

P37

1.天文学家在火星上发现了干涸的河道和水冲刷的痕迹。

2.因为质量和体积相关，和直径的比例是立方的关系，火星的直径是地球的一半，所以火星的质量约为地球的1/10。

P38

1. 在西方，因为每年的8月5日到8月15日，地球的轨道在穿过彗星所留下的大片尘埃碎片区域时，会形成流星雨，所以被称为“星之夜”。

2. 流星不是星星，只是或大或小的星际尘埃碎片。

3.球粒陨石里含有毫米大小、称为“球粒”的球形岩石颗粒。

4.因为碳质球粒陨石的内部结构非常接近太阳系形成时候的物质，因此天文学家特别感兴趣。

5.小行星带位于火星轨道和木星轨道之间，柯伊伯带位于冥王星轨道的外侧。

P45

你能回答吗？

1.天王星有星环，其行星环曾经挡住了天王星的光芒。天王星的环主要是由微粒和尘埃组成。

2.天王星的卫星中至少有五颗（“米兰达”天卫五、“艾瑞尔”天卫一、“乌姆柏里厄尔”天卫二、“泰坦尼亚”天卫三和“欧贝隆”天卫四）是由岩石和冰构成。

P47

你能回答吗？

1. 矮行星比行星更小。

2.阋神星和彗星一样是椭圆轨道，也有一个和彗星彗核结构很类似的内核，但阋神星的尺寸比彗星大很多。

3.因为科学家们推测在冥王星甲烷冰冻的外壳下面，存在着一个冰结构的地幔层。

4.因为“卡戎”是西方神话中冥王的儿子，因此被用来命名冥王星的卫星。

P49

你能回答吗？

1.通过牛顿的万有引力定律，可以计算出哈雷彗星每76年就沿着椭圆轨道回归一次。

2.彗星有一个向后延展的明亮的彗尾，人们因此常常把彗星的出现和历史上的重大事件相联系。

3.2014年在彗星彗核上登陆的探测器的名字叫罗塞塔探测器。探测任务的主要目标是细致地分析彗星彗核的组成物质，希望可以找到微生物的痕迹。

P51

你能回答吗？

1.红巨星的形成是在行星状星云之前。

2.50亿年以后，太阳会扩大成一颗红巨星，我们的地球被包括在红巨星之内。

3.再过60亿年，太阳就会变成一颗白矮星。

4.行星状星云丰富了宇宙中的星间物质，主要是碳和氧。

5.主要是因为白矮星的尺寸非常小。

P52

1.因为构成我们身体、乃至于构成这个太阳系的物质，都来自于最早的星间物质“星尘”。

2.一次是蟹状星云，一次是天鹅座。

3.因为超新星爆发的原理就是和氢弹一样的热核反应。

P54

1. 不是。

2.新星和超新星其实是起源于两种不同的情况：当恒星吸收的物质较少，而且是周期性的，吸收到的物质累积到一定程度，在恒星的表层发生爆炸，就是新星；而当恒星吸收到大量的物质时，就可能触发失控的核聚变，一次性地将所有的能量爆发出来，形成超新星。

P57

1.毕宿星团和昴宿星团是疏散星团。

2.因为同一个星团里的恒星的质量有可能完全不一样，所以恒星的性质也不一样。

3.球状星团产生于120亿年~130亿年前，一般位于银河系的被称之为“银冕”的部分。

P59

1. 星际物质主要由氢组成。

2.天文学家主要以毫米波段和红外波段的射电望远镜观测星际物质。

3.星云的主要颜色是红色的，因为氢原子会向外辐射红色谱线。

P60

1.不是的。磁场可以让宇宙射线偏转。

2.因为在飞机上，大气层的厚度比较低，对宇宙射线的影响更小。

3.都有可能，宇宙射线来源于宇宙中高能量的区域，如黑洞。

P63

1.在银河盘面的部分，恒星和星际气体也不是均匀分布的。1950年，通过对距离太阳系较近的蓝巨星的观测和对星际氢原子谱线的分析，科学家发现银河系其实是由几条旋臂构成的。

2.因为氢原子会向外辐射红色谱线。

P65

1.因为仙女座星系很像我们的银河系。

2. 仙女座星系更大。

3.仙女座星系距离我们的银河系有2亿光年的距离。

4. 仙女座星系中心的黑洞更大。

5.在环球旅行中，麦哲伦和他的船员们看到了只有在地球南半球才可以观察到的大麦哲伦星云和小麦哲伦星云。他们是第一批看到这两个星云的西方人，因此这两个星云也被命名为“大麦哲伦星云”和“小麦哲伦星云”。

6. 最大的恒星位于大麦哲伦星云。

7.1987年2月24日，在大麦哲伦星云发生了超新星爆炸。

P67

1.是的。螺旋星系的核心一般是一个黑洞。

2.星间气体的温度可能非常热，达到上百万度。

3. 不均匀。

P69

1.类星体其实是在极其遥远距离外的星系中心的超级黑洞。

2. 最明亮的一颗类星体是3C273，仅仅用一个业余天文望远镜就可以在室女座观测到它。科学家估计其亮度等同于1万亿个太阳的亮度。

3. 超过10万颗。

4. 7.8亿光年。

5.不会。在黑洞的强大引力作用下，附近的尘埃、气体以及一部分恒星物质会先围绕在黑洞周围，形成了一个高速旋转的巨大的吸积盘。

6.一个质量是太阳100倍的恒星，其史瓦西黑洞半径是300千米。

P71

1.根据广义相对论，当光源发出的光在引力场（比如星系、星系团及黑洞）附近经过时，光线会发生弯曲，就像光通过透镜一样。所以科学家也把这种大质量物体能够弯曲光线的特性称为“引力透镜”。

2.通过引力弧，天文学家可以探测宇宙中的暗物质。

3.想观测到引力波，探测仪必须能够探测出物质在10~21数量级的位移精度。

4.激光干涉空间天线（LISA）计划预计将在2020年后的十年里发射3颗卫星，在天空中构成为一个边长为5000千米的等边三角形。三颗卫星将在太空中利用激光干涉的方法精确测量信号相位，从而彻底消除地面震动噪声的干扰，对太空中的引力波进行探测。

P73

1.1929年，天文学家哈勃和赫马森发现了宇宙膨胀。

2.雷达测速和发现宇宙膨胀都是利用了多普勒-斐佐效应的原理。

3.1999年，哈勃太空望远镜发现了一颗I型超新星的爆发（I型超新星爆发的绝对亮度是一个常数值）。天文学家可以根据观测到的实际亮度，推算出这颗超新星所在的星系到地球的实际距离。观测显示这个星系正在加速远离我们，这证明了宇宙正在膨胀。

4. 宇宙有137亿年的历史。

5.宇宙中，暗物质的总量是正常物质的10倍。

P77

1.天文望远镜的口径越大，探测能力就越强，所以天文学家需要越来越大的天文望远镜。

2.可见光和电磁波可以通过大气层。

后记

《我探索天空和星星》一书，是写给所有喜欢天文学的青少年的科普读本。该书现被译为中文，使得中国的青少年读者也可以阅读，这让我非常欣慰。

中国天文学三千年以来的成就得到了国际天文学界的一致认可。中国伟大的天文学家也层出不穷，灿若星辰。公元前800年，中国已经有了最早的日食和彗星的文献记录。在中国漫长的历史上，无论王朝兴替与否，天文学家始终在官方占有一席之地。由于皇帝自命为代表天命的“天子”，因此掌管天文的天文学家被授予了很高的职位。直到今天，中国仍然保持着天文学探索的传统（中国是世界上唯一继续进行探月工程的国家，在不久的将来，其发射的月球探测器将再一次踏上月球的土地）。我还记得在1054年，中国古代的天文学家记录到了一次壮丽的超新星爆发，本书中介绍了这次金牛座超新星的爆发，正是这次爆发产生了蟹状星云。当时，在爆发后一个星期的时间里，这颗超新星在白天也可以用肉眼观察到，中国古代的天文学家称之为“客星”。

我衷心地感谢 Alain Guo和郭宇冈先生，这本书以法语创作，他们对此书的兴趣是本书中译本的缘起，他们的翻译工作使得中国青少年得以阅读拙作。

我真诚地感谢白明先生和陈梦雯女士，他们对中译本的出版有许多帮助。

我尤其要感谢江西科技出版社的社长温青先生和他的同事张旭女士，他们为此书付出了诸多努力。

最后，我谨希望本书能够引发中国青少年对天文学的兴趣，他们中间的一些人会接过天文学先贤手里的火炬，开启一段神奇的探索之旅。我更希望这本科普小书能够为增进中法友谊尽一份绵薄之力。

Jean Audouze